东西建筑十讲

汉宝德 著

生活·讀書·新知 三联书店

图书在版编目（CIP）数据

东西建筑十讲／汉宝德著．—北京：生活·读书·
新知三联书店，2016.1（2018.3 重印）
（汉宝德作品系列）
ISBN 978 - 7 - 108 - 05209 - 4

Ⅰ．①东… Ⅱ．①汉… Ⅲ．①建筑艺术 - 对比研究 -
中国、西方国家 Ⅳ．① TU-861

中国版本图书馆 CIP 数据核字（2015）第 032212 号

责任编辑　张静芳
装帧设计　蔡立国　薛　宇
责任印制　卢　岳
出版发行　生活·讀書·新知 三联书店
　　　　　（北京市东城区美术馆东街 22 号 100010）
网　　址　www.sdxjpc.com
图　　字　01-2013-8970
经　　销　新华书店
印　　刷　北京图文天地制版印刷有限公司
制　　作　北京金舵手世纪图文设计有限公司
版　　次　2016 年 1 月北京第 1 版
　　　　　2018 年 3 月北京第 2 次印刷
开　　本　880 毫米 × 1230 毫米　1/32　印张 6.625
字　　数　151 千字　图 176 幅
印　　数　10,001 - 15,000 册
定　　价　40.00 元
（印装查询：01064002715；邮购查询：01084010542）

三联版序

很高兴北京的三联书店决定要出版我的"作品系列"。按照编辑的计划，这个系列共包括了我过去四十多年间出版的十二本书。由于大陆的读者对我没有多少认识，所以她希望我在卷首写几句话，交代一些基本的资料。

我是一个喜欢写文章的建筑专业者与建筑学教授。说明事理与传播观念是我的兴趣所在，但文章不是我的专业。在过去半个世纪间，我以各种方式发表观点，有专书，也有报章、杂志的专栏，副刊的专题；出版了不少书，可是自己也弄不清楚有多少本。在大陆出版的简体版，有些我连封面都没有看到，也没有十分介意。今天忽然有著名的出版社提出成套的出版计划，使我反省过去，未免太没有介意自己的写作了。

我虽称不上文人，却是关心社会的文化人，我的写作就是说明我对建筑及文化上的个人观点；而在这方面，我是很自豪的。因为在问题的思考上，我不会人云亦云，如果没有自己的观点，通常我不会落笔。

此次所选的十二本书，可以分为三类。前面的三本，属于学术性的著作，大抵都是读古人书得到的一些启发，再整理成篇，希望得到学术界的承认的。中间的六本属于传播性的著作，对象是关心建筑的一般知识分子与社会大众。我的写作生涯，大部分时间投入这一类著作中，在这里选出的是比较接近建筑专业的部分。最后的三本，除一本自传外，分别选了我自公职退休前后的两大兴趣所投注的文集。在退休前，我的休闲生活是古文物的品赏与收藏，退休后，则专注于国民美感素养的培育。这两类都出版了若干本专书。此处所选为其中较落实于生活的选集，有相当的代表性。不用说，这一类的读者是与建筑专业全无相关的。

这三类著作可以说明我一生努力的三个阶段。开始时是自学术的研究中掌握建筑与文化的关系；第二步是希望打破建筑专业的象牙塔，使建筑家为大众服务；第三步是希望提高一般民众的美感素养，使建筑专业者的价值观与社会大众的文化品味相契合。

感谢张静芳小姐的大力推动，解决了种种难题。希望这套书可以顺利出版，为大陆聪明的读者们所接受。

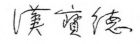

2013 年 4 月

目　录

敬序　聆听东西建筑十讲

对设计，我能有点小成绩，要感谢：

1. 父母生我，让我幸运地拥有，可以思考的脑袋。

2. 父母育我，让我自幼，不知觉地，浸淫在可以"丰富阅读"与"自由思考"的环境。

3. 父母许我，自主决策，以东海大学建筑系为第一志愿，在学风自由的浪漫校园，遇见了恩师汉先生。

汉先生的学养与风范，对我的设计人生，起了两个大的作用：

其一，汉先生的"设计方法"教学，是我"设计思考"的重要启蒙，让我在少不更事的年纪，就有机会理解，设计是严谨思考的结果，而不只是潇洒挥笔的美丽图画。

其二，汉先生的"中国建筑史"、"西洋建筑史"以及"近代建筑史"教学，对人类的建筑行为逻辑与人类文化的发展脉络，都能深入而浅白地剖析；也因此，让我能在大学那几年，随着每堂课的光阴飞逝，逐渐形塑了我毕业后，从事设计事业时，稳固的"文化人格"。

汉先生离开建筑教学之后，投身博物馆志业，我总为后来的建筑学子，深觉惋惜。因为，他们没有机会亲炙汉先生脑中，文化学海的广阔深厚与历史巨浪的澎湃飞扬。

我在大爱电视服务那几年，一有机会，就尝试邀请汉先生录制建筑史的节目，我心想，通过大众媒体，汉先生的节目能让更多的人，从人类文化史的角度，理解建筑之美，进而欣赏建筑设计的好坏，而不要让媒体上多数房屋销售广告所呈现的胡言乱语所迷惑。

可惜，因缘，没有成熟，那几年，汉先生都没答应。

舍弟仁喜六十生日，办了一个有趣的晚宴。席间，巧遇汉先生，我又提起请汉先生开建筑史课程的构想（可见我这个摩羯座属牛 O 型血的人，有多固执）。这次因缘不同，老友夏铸九在旁鼓舞，也许是一群老学生在旁央求，汉先生这次首肯了！

机不可失，次日，我赶紧联系高希均教授，提出构想，请汉先生开讲十堂的"东西建筑史"，讲课内容出版，讲堂录影制作网站，希望从文化的角度欣赏建筑，而不是从地产的角度看建筑；高教授不只支持，还亲自与出版社及"大小创意"的同仁一起，走访汉先生，提出"东西建筑十讲"的详细说明，再获汉先生首肯。

这次，因缘不只成熟，过程也极顺畅。

一方面，出版社同仁用心用力，课程报名迅速额满；另方面，汉先生迅速拟就讲稿，我们依据讲稿，制作课程投影片，汉先生巨细靡遗，逐页审视、修改照片，调整文字，并且耐心地为我们说明必须调整的道理，六十几岁的我，在旁看着这位七十几岁老师的用心教导，时光，似乎回到从前，那个我们都还二三十岁的单纯时代。

历史，总是将机遇不露痕迹地藏在偶然之中，仁喜六十生日那个晚上，是个偶然，我多年来没有放弃过的心愿，在那个夜晚得以实现。

这本书出版之后，我的下个心愿，就是设计一个以东西建筑历史为核心，以 21 世纪网络科技为基础的网站，让这个网站的有心读者，能以汉先生的建筑文化学养为起跑点，一棒接着一棒，让建筑文化的厚实，透过历史的探讨，更加波澜壮阔。

当然，如果我还可以有个心愿的话，那就是，网站上会有汉先生的 Talk of the Week，每个星期，录制一段三分钟的话。送给地球上，与他有缘的人，谈建筑、谈人生、谈过去、谈未来……

历史，总会将机遇不露痕迹地藏在偶然之中……

我还是，深深相信。

姚仁禄（于 2013 年）

前　言

　　我学建筑，原本应该集中心力研究建筑才是，却在学生时代即对建筑史发生兴趣。这一方面是因为我对文史的兴趣，同时因我在进入建筑系不久即生肺痨而休学，在家养病时，读了些建筑史的书。也就是这些"因缘"，使我在学校时即喜欢办杂志评论建筑，毕业不久，即以助教的身份开建筑史的课程。

　　恍然间半个世纪过去了，出国留学时想学建筑史不成，却在回到台湾后，一直在大学教建筑史，包括中、外，实在因为台湾没有建筑史的专家，不得不由我充数。在国外，建筑与建筑史是两个不同的专业，在我们中国，则历史是一切专业理论的基础。因此，我讲授建筑史直到我完全离开大学课堂的那一天。想不到，我与建筑史结了不解之缘。可是我必须承认，我写了几十年的建筑相关的评论，若没有这一点历史的底子是不可能的。

　　2012 年的春天，由于某一机缘，主持"大小创意"的姚仁禄怕我闲来无聊，要我在天下文化的人文空间对公众讲一次"东西建筑文化"。这个想法立刻得到高希均兄的支持。我虽一再表示已经年迈，身体时有不适，他们遂带我去看了中医师，认为我上几堂课应该没有问题。在他们的鼓励之下，我的瘾头又上来了。

按照仁禄的计划，我要上十堂课，以东、西对照的方式讲世界建筑。他已准备好了纲要，使我不能不积极动手，就把他的以年代架构的纲要，改为文化变迁的十个段落。我考虑了对听众的价值，决定把内容架构在以希腊、罗马文化为起点的西方建筑，与以中国黄河流域文化为起点的东方建筑的对比上。自双方的各自发展，到东方的西方化，十堂课可以勾画一个大概的轮廓。下此决定后，就花了三个月的时间，写了讲义。

在大学上课是没有讲义的。但是这十堂课虽然很短，却涵盖了在课堂上的三门课：中国建筑史、西洋建筑史、现代建筑史，还加上当代建筑。这样广大的内容，收纳在短短的十次演讲中，我必须先打好稿子，才能对得起听众，他们很可能是抱着很高的期望前来听讲的。我写讲义的另一个想法是，也许可以上课时发给他们，供他们回家后复习，再听下一堂。

没想到"大小创意"的朋友们决定把它印成一本书。讲义成书亦未尝不可，但在听了我现场演讲后，他们认为我讲的内容有些在讲义中并未出现，应该酌量把它们加进去，这样一来工程就大了，使得讲义无法在上课时发出，而且延了半年，才能与读者见面。可以想见，文字的重编加上配图是很麻烦的作业，他们居然很耐心地完成，是不是值得下这个功夫，我自己倒怀疑起来了。

总之，我很高兴这样一次系列演讲最后用一本书的方式呈现。在十讲完毕后我收到十几位学友写来的鼓励我的卡片。谢谢大家，希望这本书在"大小创意"的加持下，能对建筑文化的传播有些微贡献！

汉宝德
于空间文化书屋

第一讲

中西建筑分道扬镳

建筑是怎样产生的？大家都知道，上古之时，穴居而野处，那时候，人类在开化前，与动物一样，为了安全，为了防风避雨，要找一个洞穴栖身，维持生存基本条件。所以建筑的主要意义是栖身之所，英文称为 Shelter。

如果人类没有开化，可能到今天仍然是穴居野处的动物；有了文化，洞穴的意义就改变了。首先改变的是自栖身之所变成"家"。这两者之间有何重大分别呢？

直到今天，宅与家的分别还是值得注意的。宅，在英文中是 House，家是 Home。你买房子是买宅，用来经营一个家。可知家是富于人文内涵的名词，因为它蕴含了极丰富的人际文化。男女婚媾后的长期承诺，对子女的爱护，从而建立互相关怀的情感基础。为了使全家安全，无饥寒之虞，家的固定化乃为必然，衣食之文化乃随居住定点化而来的。

家是个起点，聚族而居，是家族生活的必然。因为有族的观念，群居互助的文化，人伦秩序的建立，才能使人类文明快速进步。建筑是容纳人际文化的容器，所以是文明曙光中最早的人造物。不再是洞穴，是用手建造的家。由于群居，由于可以通力合作，才能建造人工的洞穴，留下古文明最早的痕迹。

我常说，建筑是文化之母。并不是因为我偏重建筑，是因为我观察太古以来的人类，或可以巢居，如赤道丛林地区，或可以迁居，如极地与草原，这些生存方式都无法产生固定的建筑，因此都没有产生丰盛的文化。只有当一个民族可以经营长住的建筑，才可以累积求生存的经验，爆出生命的火花，逐渐发展出灿烂的文明。

石与土的文化

在人类以其智慧为自己建设"家"的时候，他所面对的第一个问题是地理的环境。他之所以能创造文明，当然与地理环境有关。这里必须有相对温和的气候，容易取得维持足够热量的食物，而且相对安全。有了这样的条件，在用自己的手建栖身所的时候，就得面对材料的问题。

西方文明所产生的东地中海地区，与中国文明所由生的黄河上游地区，都是雨量适中、林木繁茂、适于居住的地方，可是对于建筑的创立，最重要的是地质构成。地中海东部沿海的山岭是石材所构成，而黄河上游则基本上是黄土堆积而成，因此在建筑上就产生了基本的差异。我们可以想象一下：生活在这两种不同地景中的人类，为了经营自己的生活空间会有怎样的差异？

可想而知，两者各有长短。以石为基的地区，必须克服石头的坚硬与笨重，需要很多的人力与工作技巧，才能使石材为人所用。在石器时代，以石器来整理建筑用材，实在是难以想象的艰苦作业，既费力又费时。可是不能否认的，石砌的建筑是耐久的，不会因岁月而很快倾塌。这种永久性会使人觉得艰苦的工作是值得的，甚至会投入感情。这种感情会衍生对工作认真的态度，因而产生石工的文化。西方的石工艺对建筑的贡献，实在是立基于此。

以土为基的地区又如何呢？土相对于石材，是很容易操作的。可以以土和水为泥墙，可以直接自泥地割切为砖，也可以如后期的夯土为壁。比较起来，它不需要辛苦的工作，建屋变得很轻易。这是它的优点。但是不可讳言的，泥土的房屋建造虽简易，破坏也很容易，一阵大风雨

· 甘肃土屋与土穴

就可将它冲蚀净尽，或使之倾塌。这是土建筑文化必须发展出陶器的原因。不只是为器物，即使为建筑，也必须有烧成的砖瓦等建材。

只靠石与土可以盖成房子吗？在穴居的时代是可以，但要建屋就有些问题了。大家都知道，石块与土砖最适合的就是砌墙壁。墙壁把我们与外界隔开，是最基本的建筑元素。可是要正式成屋，墙壁上要有开口，要有门有窗；头顶上要有屋顶。而石头与土块砌墙容易，开辟门窗与搭盖屋顶都有困难。所以只有土、石是建不成房子的。好在这两个文化区都有相当丰富的木材，可以帮忙解决问题。在结构上，土、石都是承受压力的材料，只能做地面与墙壁；而木材是承受弯力的材料，可以做成梁材。可想而知，这两个文化的早期建筑，都离不开木材。只是木材并不牢固，若没有土、石为墙，达不到安全栖身的目的；可是若没有木材，建屋是困难的。

比较土与石的建筑文化，土比石更需要木材。石文化地区在很早的时候就利用人工建造洞穴，因为利用石头建造原始的拱顶是可能的。如果我来解读英文中建筑 Architecture 这个词，前面就是拱圈，后面是

· 英国巨石阵

技术，可以说是"构筑拱顶的技术"，比较可以看出西方石文化建筑的由来。但是土文化地区，因为土完全没有承受弯力的性质，除非住洞穴，否则只能靠木材帮忙。所以在中国，几乎一开始就是土、木并用的。直到近代，中国语言中仍以"土木"指称建筑。到了后世，建筑的意义扩大后，就逐渐以木为主了。今天我们所公认的中国古建筑几乎就是木建筑了。

梁柱的产生

在人类的建筑史上一个重大的进步，就是在结构上使用了梁柱。其意义最早出现在石文化中。

这是因为石建筑有了一定的规模，其开口的上面就必须有构材，支持上面的屋顶。这个构材就是今天所说的梁。同样的，当建筑的内

部需要相当的规模时，这个横材的长度有限，就不能不在室内竖立直材支撑。这个直材就是柱。有了横材与直材就可以创造最原始也是最高贵的，建筑的戏剧。

在英国南部的 Salisbury 有一个著名的原始石构，称为 Stonehenge（巨石阵），就是用巨大的石柱与石梁所建成的奇迹。这可能是人类所建的第一首"凝固的音乐"。真的很难想象，在人类毫无工具的情形下，他们可以制造出那么多大石柱，并且竖立起来，又在石柱上搭了大石梁。不为居住的目的，只是为了对神祇的崇敬。他们究竟是如何做到的，只有上帝知道！可是我们知道，这内外两圈所形成的优美韵律，是圣者创造的杰作。

柱、梁的戏剧使人类的想象力飞升，跟着工艺就与石工结了不解之缘了。在地中海的东岸，有一种非常特殊的美石，就是大理石。

· 古希腊三种柱式：
多立克、爱奥尼、科林斯。

这种石材精美者近乎纯白，非常细致，希腊的艺术家一方面用它雕刻美丽的神像，一方面就为建筑雕凿美丽的柱子。建筑因此进入美术的领域。

在公元前 5 世纪以前，希腊人就为他们所创造的众神世界建造殿堂。如同英国人所想象的圆形柱列，希腊人所构想的是长方形柱列，围绕着神的殿。他们在心里已经把柱列的美与神的力量等量齐观了。在雅典的附近，有充沛的大理石可供建筑之用，其细致的纹理可以雕出精确的轮廓，精准的线条，与光滑的表面。

单独石柱不容易找到，希腊人以石工的技巧来建造用块石叠起的柱子，不会失掉天然屹立的气势。而在埃及，这种石柱的出现比之希腊更早了近千年。那时候的帝王有绝对的权力，役使无数民工建造庙宇，因为法老王与神并无分别。

· 古埃及的纸莎草柱头

埃及的石柱硕大无比，高处的柱头是开放的纸莎草花朵，较低的柱头是花苞。柱身上刻满了层层的浮雕，每根柱子都是法老的纪念碑。

希腊的文明可以完全反映在它的柱子上。与古埃及的庞大石柱比较，是光明与黑暗的分别。文明的曙光是理性与美感。古埃及的柱子是庞大的人力与工匠技艺的产物，但它的意义是为法老而存在，对于后世的人类并没有任何助益。希腊的哲学家则开始有美的思维，觉察到美的存在，虽然把美的素质与神的力量并列，却已经可以体会到美的形式特质，因此确立了美的理性，而开创了美学之路。

在希腊文明中，柱子不只是一根柱子，它的神圣意义是一根美的柱子。柱子有它本身存在的逻辑，它的美感必须落在理性的基础上。所以在古典希腊时期，在雅典的巴特农神庙上，我们看到了西方文明的美感典范。

多立克式的柱子并没有用浮雕去装饰，它所追求的美感，首先是表达出力感。这是纯理性的。柱子是支撑材，表面的装饰只能模糊掉力感。要怎样表达这种承重感呢？多立克柱是利用垂直线条，在柱子表面刻出沟条，自上而下，绝对挺直。这些沟条在柱子的表面，自下而上略略内收。这是学习生物界的逻辑，近地面以稳定为重，最上面因承重较少而微微内收，然后有一柱头，略向外伸展，成一盘状，其目的是托住上面的横梁。

理性的构成，再进而斟酌美感。在形式上，线条的优美，表面的光亮，只是其中的一端。石工艺的技术使这些顽石变成近乎抽象雕刻一样的精美。

希腊古典美学最重要的发现是和谐的观念。

和谐的比例之美

大约在同一时间，约当中国的周代，东西双方都产生了和谐为美的观念。这是从音乐中体会出来的。可是东西方的发展却大有不同。西方的石文化由于发展出石雕与建筑，和谐的观念就转到视觉的美感上，形成可以研究与学习的美学。这是因为自音乐的和谐中观察出数字的重要性。这是毕达哥拉斯的发现。音乐的美是由节奏造成，节奏是长短、高低的组合，可以用数字来表示，因此数字是开启和谐奥秘的钥匙。

柏拉图开始提到尺度与比例是美的原则。由于希腊人发现了人体之美，所以雕刻才成为主要表达和谐的艺术。在东方，谈和谐则谈大自然与人类的和谐关系，忽视了人体之美，甚至避谈人体。因此东方文化否定了感官的愉悦，放弃了美感的追求，而看重人际关系之和。

自美的人体中，西方人找到与音乐之美可以相通的比例与秩序的观念，恰恰可以利用在建筑上。他们既已在柱列上找到神圣的象征意义，而又认定美为神性不可缺少的一部分，那么在神庙的柱列上考究美感便是最恰当的了。

多立克式神庙是一个简单的长方形建筑，其外观就是一圈或二圈柱列。柱列之内是墙壁。墙之内又是两排柱列，中央是神像。由于时代久远，已无法知道屋顶的情形，可以合理地推想是木架建造的斜顶，上铺石瓦。因为自短边正面看，是希腊神庙流传至今的标准构成。最上面是斜屋顶形成的三角墙（Pediment），俗称山墙。山墙的下面是环绕一周的柱列上的横材，称为 Entablature，是由三层叠成。此字尚未看到适当的翻译。三层的最上层是紧接山墙下的出檐，出檐之下为一

· 美学的产生

· 日据时期兴建的台湾博物馆

· 雅典巴特农神庙

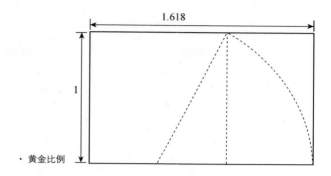

·黄金比例

圈饰带，再下面就是柱列上的楣梁。多立克式神庙的饰带是由直纹饰与方形雕版所间隔形成。在山墙的表面是高浮雕的神祇的故事。

　　我为什么说这些细节呢？因为这几乎就是古希腊建筑的全部。到了近代，学院派建筑经常在建筑的正面复制古典造型，如台北市的二二八公园内的台湾博物馆，其正面就是抄袭多立克庙宇。要了解古典建筑之美，就必须欣赏这些构成因素之间的和谐与秩序的关系。

　　看巴特农神庙的正面，可以看到在楣梁的上面，直纹饰成列，很有秩序地落在柱子中线与柱间的中线上，形成一简单的节奏。它的存在使下面的大柱列产生了韵律感。而直纹饰很像垂直方向的梁头，使结构的造型合理化。整个看来，柱子的高度，柱间的跨度，楣梁的厚度，与饰带的厚度，都符合适当的尺度。尺度，英文是 Scale，也就是在整体的各部分之间大小、长短合宜的意思。国人夸奖美的面貌，增一分太长，减一分太短，是同样的意思。良好的尺度已经含有理性判断的成分。

　　自西方人看，比例是美的根源。他们看人体美，各部分的尺度合宜，常常也表示比例的优美。因为他们发现人体的美落实在几何上，不能不相信美的神圣性。

到了公元 3 世纪,由于相信富于节奏的秩序与美的比例具相关性,欧几里得在几何中找到所谓黄金比,被称为神圣比例。一条线分为两段,其长与短两段之比,等于全长与长段之比,是最美的比例。这样的比例就是 1∶1.618。以巴特农神庙来说,这就是它的宽度与高度的比例,也是楣梁上皮到基脚的高度与到屋脊之高度的比例。黄金比除了在人体上反映最明显之外,在后世建筑上被利用最为广泛了。到了 20 世纪,有一位柯布西耶先生把它视为美的珍宝,创造了新时代优美比例的黄金尺。

另外,比例的表现力也是不能忽视的一个因素。

在古希腊的多立克文化圈,有各种庙宇,构成完全相同,比例却未必一致。我们上节所述的巴特农神庙是美的典范,但美并不是建筑追求的唯一目标。建筑有时候要表达特有的情绪力量,单凭柱列是否也可以做得到呢?我们不能说当年希腊的建筑师曾使用不同比例的柱列,有意地表达不同的情绪,但是今天自遗迹所予人的感受看来,比例似乎确实有一种表现的力量。

在意大利南部的巴斯杜姆(Paestum),保留了一座古希腊的海神波塞冬庙,其柱列特别粗壮,结构极为稳固而粗犷,所引起的情绪反应即大不相同,比较后期神庙可一目了然。

古希腊的爱琴海区属爱奥尼文化圈,文化的性质比较柔和尚美。它的庙宇大致相同,只是柱子在比例上较为细长,柱头有一对涡卷装饰,使得爱奥尼式相对于多立克式,显得女性化了些。柱子特别多,相对的,其楣梁也较薄,因此柱间的距离也较短。在形式上要显得轻快些。

在雅典卫城,巴特农神庙的一边,有一座特殊的爱奥尼式的神庙。它似乎是在一个古老的庙宇群基址上建造的复合式神庙。三个庙合而

· 巴斯杜姆的海神庙，柱列粗壮稳固。

· 伊勒克戎神庙有著名的女神柱

为一，安置在三个不同高度与朝向的基址上，创造了一件具有构成美的作品，矗立在那里供后人凭吊与欣赏。后世建筑中组构（Composition）的美感，即如何巧妙地把不同要素组合为一和谐的整体；而富于变化的外观，使变化中有统一，统一中有变化，此作可以说是建筑史上的典范。此庙名为伊勒克戎（Erechtheion）。

这座庙宇面南的门廊，比例非常优美，是由六座女神像代替柱子支撑起来的，增加了此庙女性柔美的特质，成为后世欣慕与模仿的对象。

中国古文明精髓

在以土木为材料的东方文化中，建筑无法持久，当年的盛况无法得见了。可以想象，很容易消失于时间之流与兵火之灾的建筑，是无法寄予永恒纪念价值的。它与衣物一样只供今生所享用。因此而产生出中国以死后世界为经营生命延续价值，并强调子孙繁衍的文化。墓葬遂成为重要建筑遗存了。

精致的文化不能发挥在建筑上，敬神祭祖的精神就表现在文物上。中国自上古以来就发展出三种器物为其他文化所无法比的，那是铜器、漆器与玉器。在上千年的历史中，这三类器物到战国时期都达到技术与艺术上相当高的水准，为后世所景仰。在博物馆可以看到商周的大型青铜器——鼎，造型优美，比例匀称，上面铸有流畅线条组成的上古图案，内有纪念性文字。青铜是可以持之久远的材料。古人铸鼎，有永恒纪念的意义。

青铜的小型器物，同样精彩，是当时工艺之最，至今为我们称赏、欣羡。其名称及用途，大多为盛酒、饮酒之器，或盛放食物之器。大

· 中国的玉器与青铜器

型器则为放置肉类之器。可想而知，古人书百工之艺，去设计各种不同形式之酒器、食器，大约都是敬神、祭祖之用。豪富之家，这些用器亦可用来陪葬，埋在墓中以供亡灵永久之需。这就是我们自考古发掘中所看到的中国古文明的精髓，与西方作为艺术之母的建筑一样，集工艺、美术、设计之大成。

　　上古的建筑虽然没有受到工艺最高的关注，可是木架构的成熟应该是没有问题的。自商周留下的遗址看，在商代已经有长方形的基址，也有了如希腊庙宇一样的环周柱列的做法，只是木柱列只留下石基而已。柱列之内是土墙基。到了西周所发现的遗址，已经有了整齐的室内外柱列，有了主从建筑的安排，有了前后院落，也有了对称的观念。我们几乎可以自遗址的发现上重建类似后世一样的大宅。在凤雏村的遗址也发现了瓦与瓦当，地面也有砖，已经是很像样的建筑了。

· 汉代漆器花纹

　　东周时期，古建筑的遗址已发现了夯土的台阶。至此中国土木型建筑的特色已经大体完备。这时已进入铁器时代，工具完备，木工技术提升。不但砖瓦具备，而且有大型装饰性灰砖。建筑没有完整的遗存，墓葬中可看到保存得完整的砖、木构造，可以想象当时的建筑是富丽堂皇、规模宏伟的。以所见的漆器看，建筑的表面甚有可能为华丽的彩色所装饰。

第二讲

壮丽的帝国建筑

人类历史有点奇妙的是，在公元前后的五个世纪，东方的中国与西方地中海中部都产生了一个帝国。

　　帝国是产生于大英雄个人的领导，以其声望与组织才能建立起无坚不摧的军事力量，把先前散落各地的地方国度结合起来，形成一个政治实体。帝国的建立在文化上是负面的。

　　在秦汉帝国建立以前的春秋、战国时代，是中国文化的摇篮。在文化创生的阶段，由于政权分散，而有思想自由的现象。思想家可以依附在支持他的国土内得到发展，建立学说，并传播于世；可是在政权统一之后，地方势力消失，文化的多元性丧失，只有帝国支持的思想才能成为正统。由于儒家与帝国权力有思想上的互补性，被汉帝所独尊，终于成为中国嗣后两千年的学术正统。其他的思想因而被淘汰，如墨家与法家，终于为后世所遗忘。

　　同样的，在罗马帝国之前，地中海周边有各种文化，尤其是希腊地区，原是以城为邦的单元所组成。他们之间虽然偶有战斗，但属于文明的游戏，因为希腊半岛在同样的语言与神话信仰架构之中。他们都喜爱音乐、戏剧与美术，而且喜欢运动。奥林匹克运动会把这些星散各地的城邦联结在一起。可是当帝国的力量到来，各邦的特色就被吸收到罗马城来。罗马在过去只是地中海文化中的一个城邦，却终于在帝国之下，独占了一切光彩。

　　帝国诚然有使文化单一化的缺点，但也有融合各种文化形成一种新文化的优点。因此融合发扬应该是帝国文化最重要的特色，也是我们今天欣赏当年建筑文化的着眼点。一个成功的帝国应该是能吸收优秀文化，并把它发扬光大的帝国，从而为后期文明的发展奠定基础。

很有趣的是，东、西两大帝国都是在柔性的宗教力量下瓦解，开启了一种新的世界。

公民与独夫之间

东西方两个帝国最大的差异是文化的根基。

东方的秦汉帝国是建立在帝王的强力征服之上的。当秦始皇征服众国的时候，他想到的只是权力统治全国。所以在成功之后，他所展现的就是帝王的无上权力。他焚书坑儒，连文化都被视为敌人，因为读书人不易统治。这样的帝王当然无法长久。后来的汉帝，虽然略有修正，开始利用读书人来治国，但在骨子里，仍然是以维系他的王权为重的。读书人其实都是统治王朝的帮凶。

西方帝国的统治者是以希腊的城邦文化为基础。在地中海文化中，城邦的领袖是在市民的拥戴下建立起来。他们的神是有人性的！而市民的精神生活是以艺术来娱神，因此过着团体的、以美的追求为中心的共同生活。统治者为了市民群体的利益，尊重思想家与艺术家。罗马人自希腊学来这一些，而且延续了希腊的传统，把公民精神发扬光大。西方人所重视的公民文化权，正是源自于此时，而现代社会所立基的民主观念也自此起源。

由于这样不同的背景，在东方所发掘的帝国遗址若不是宫殿就是坟墓。阿房宫的基址没有完全理清，但试掘的台基已有五十几万平方米。《史记》上记载，"先作前殿阿房，东西五百步，南北五十丈，上可坐万人，下可以建五丈旗"。这些文字足以说明秦始皇这种统治者，役使数十万劳工，使用全国的财力，只是建造他梦想中的居处。当然不只是

· 抬梁式结构、穿斗式结构、干栏式结构（图片来源《中国古代建筑史》）

居处，读一下杜牧的《阿房宫赋》就可知道，当年"五步一楼，十步一阁"的盛况，甚至被夸张得视为"一日之内，一宫之间，而气候不齐"。

秦始皇不只建阿房宫，还利用全国的力量建自己的坟墓，以便死后仍然可以享受荣华与统治的权力。这个坟墓还在，尚未发掘，陵前的附属设备挖出来全世界闻名的秦俑坑，其规模足以惊人。我们可以想象当时的国人受到多大的迫害。我于二十年前去参观，俯视成行成列的陶俑群，一点骄傲的感觉都没有。这是中国史上的耻辱。孔孟的人文精神被他完全抛弃了。

不只阿房宫，汉代帝王的宫殿也都没有留下什么痕迹。著名的汉宫、长乐宫、未央宫，目前只能看到一些瓦当。汉武帝所建几可媲美阿房的建章宫与上林苑，如今也只能靠我们想象。上林苑中的水池、昆明池，大到可以训练水军，又有离宫数十处，可想而知其规模之大，非今天所可见。对于这个时期建筑的理解，只有靠墓葬中发掘出的陪葬明器。

在贵族墓里发掘出的建筑模型，照理说应该是上流社会建筑的风貌。由于明器的数量很多，已可看出当时建筑的外观与结构。明器的发现，南到广东，北到河北，西到四川，西北到甘肃，可见建筑的形制已经成熟而且全面化。今天所见的抬梁式、干栏式木构，与明器上

· 君士坦丁凯旋门（©Alexander Z. ）

所见几乎没有分别。在中原的建筑上，斗栱系统与四落水（四个斜坡）的瓦顶，甚至一般板瓦与高级的筒瓦、正脊等都已经完备了。我们可以说，汉帝国是中国建筑体系全面完成的时代，只是没有具体的建筑为佐证而已。

但是今天所见的古罗马遗迹就大不相同了。

如今看古罗马城，尚有很多建筑物保留下来，这些建筑不是皇宫，而是供市民所用的公共设施。罗马城与极盛时期的汉长安比较，不过三分之一大，其中心地区为庙宇广场集结之处与公用建筑集中之处。庙宇广场通常是一个巨大的长方形回廊，一端是某神的庙堂，或大会堂（Basilica），堂前是广场。广场（Forum）的用途与希腊的市集（Agora）相近，除祭神之外可以用为市场，或用为市民会场。这些广场以老罗马广场为核心。这里有各类纪念建筑，如纪功柱、凯旋门及开国早期

· 罗马斗兽场外观及内部

的一些小型庙宇，是很热闹、很美观、很有公民性的市中心。在以帝王为名的广场群之外，是公用建筑群分布之处。

罗马的帝王非常在乎市民福祉，他们所建的公共建筑有两大类。其一为公共浴场。罗马为市民提供的浴场很充分，使每位市民都可享受到运动与洗浴的乐趣。浴场内除了冷、热、温水浴池外，还有演讲厅、表演厅与图画馆及户外运动场。室内在适当的地点，以自希腊运来的大理石雕刻为装饰。著名的卡拉卡拉大浴场，可同时容纳一千六百人。浴场所需的水为自远处山上引来，为此，帝国建造了庞大的引水桥，引入浴场的蓄水池里。而浴场的下面则有非常先进的加热系统及供水管路。

第二大类是剧场与圆剧场。罗马市民很清闲，除了洗澡就是看戏，因此需要若干大小不同的剧场。除了表演戏剧的圆形剧场外，另有一种圆剧场，表演的是人与兽斗，人与人斗，相当血腥刺激，所以被译为斗兽场。圆剧场多为椭圆形。另有一种为竞技场，为细长形的剧场，供赛马车之用。这是在数万观众眼前搏命的竞技，正是罗马帝国的精神所在。

最大的圆剧场是现仍部分存在的罗马斗兽场（Rome Colosseum），可以容纳五万人。长轴 620 英尺，短轴 513 英尺，外墙高 157 英尺，分为四层，是罗马帝国的一大建筑奇观。

拱顶的产生

说来奇怪，中国很早就发明了砖瓦，却一直没有发明拱结构，这是因为夯土为墙，架木为顶太方便了。古人只想到建筑表面的防护，

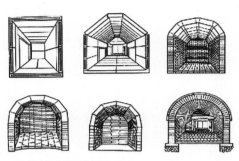

· 汉代砖墓的墓顶结构图

瓦片可以防止漏水，砖片可以用以铺地或保护壁面，完全没有想到可以用砖来建造房屋。由此可见，砖与石属于同一系统，砖是石的代用品。

中国古人做砖的技术是第一流的，他们不但能烧成还原焰的灰色砖，而且可烧制大块的空心砖，各式各样的构件，砖面上塑出美丽的图画。只可惜这些砖都不是为居住建筑所烧制，而是为了王侯们的墓室建筑。由于在土质的居住环境中建造地下的墓室，没有石材，才发明了以砖代石的办法。可是因为在地面建筑上没有使用砖石的技术，在地面下的结构乃使用板梁支持。聪明的匠师使用斜撑式板梁。斜撑短，逐渐经验出拱顶的方法，当时并不认为这是高明的办法，只是比较便宜而已。拱不出地面，仅于后世使用在无梁殿上。在产石材的山东沂南或四川雅安，墓室建筑模仿地面的木建筑，或仿结构，或仿外观，石反而成为木的仿材了。

中国很早就有拱桥，古人认为拱要踩在脚底下，不能摆在头顶上，所以不能是拱顶；柱梁屋顶都应该是木头，有生命的。所以我们不是不会用石头当拱顶，而是不用。

罗马拱顶的故事就自然得多了。在罗马人建立帝国之前，原来的居民是有建筑才能的伊楚斯堪人（Etruscans）。他们没有大理石，乃使用块石建城，并已发明了真拱（Arch）。所谓真拱就是用小块的石材，砌成半圆形的拱圈，石块均对准圆心。其承重靠挤压的力量，所以非常坚固。

罗马帝国的庞大建筑，是由其先民的拱顶技术，加上火山灰混凝土造成的。意大利半岛各种石材丰富，但混凝土的可塑性，使得大型建筑可以很方便地建造起来。罗马人也会做砖，可是砖只是用为混凝土的表面材料。同时，混凝土也是良好的表面装饰材的黏着剂。

古罗马的建筑，由于市民活动的需要，必须提供宽敞的室内空间。所以他们的智慧就完全集中在建筑空间的创造上。他们先要砌厚重的墙壁，做大跨距的拱，作为庞大建筑的基本技术。然后做桶形拱顶作为长形空间的屋顶。理论上说，拱顶是很多半圆拱圈叠成的，但在实际施工上，因为拱顶可能很长，需要动脑筋增加效率。如果使用混凝土砌拱顶，更要在构造技术上有所创发。

拱顶之后是圆顶。可想而知，建圆顶的目的是作为圆形建筑的屋顶。罗马保留到今天仍然完好的美丽建筑，万神庙，就是标准的大型圆顶建筑。有了拱圈、拱顶和圆顶这三种技术，就可以变出各种花样，建造各种屋顶与室内空间了。

由于大浴场等已经倾塌，我们只能想象当年的结构，是这三种技术的巧妙结合。既然是这样牢固的建筑，没有现代的炸药破坏，怎么会倾塌呢？有一种理论是，混凝土建筑因没有钢筋的补强，无法抗拒热胀冷缩的长期变化，逐渐自然崩碎。

万神庙从建筑空间到结构都是完美的建筑。墙壁很厚，但挖洞减轻了墙壁重量；天顶挖洞，渗入的阳光非常有宗教意味。结构上非常稳固漂亮，几百年也不垮；同时你可以看到他们使用与希腊建筑形似

· 罗马万神庙外观及内部

的元素，三角顶、小柱子，变成装饰摆在外头，所以看上去非常美观，形成后来西方古典建筑的主要传统。

这个建筑的特殊之处是里头是外头，外头是里头，把室内当室外。

伟大的罗马是这样自基本技术建造起来的。前文中所提到的斗兽场，是简单的拱与拱顶的组合。自外边看是三层拱圈，内部结构则是由曲线的拱顶支撑起碗状的座位空间。这样规模的建筑是东方人梦想不到的。可是谁知道呢，罗马也有灭亡的一天。是过分追求刺激与欢乐的文化病吧！

力与美的结合

罗马帝国的建筑文化在骨子里是力量的表现，但她承袭了希腊的文明，对于美也是很重视的。在今天看来，罗马披了希腊的外衣，把古典美感传袭下来，供后代学习。

古罗马是首先建立建筑美学理论的时代。维特鲁威（Pollio Vitruvius）最早提出建筑的三原则是稳固、适用与愉悦（Firmitas, Utilitas, Venustas），为后世西方建筑所承袭，一直到今天。稳固就是安全，建筑的原始目的为保护人身之安全，因此建屋的技术要可靠，不但本身不会倒塌，而且可抵抗外力。这就是力量的表现。庞大又稳固的结构必然表现出雄壮的力量。所以后来的美学家常把雄壮列为美的首要原则。

在建筑上考虑到功用，表示建筑已人间化，不再只属于神祇了。维氏在他的《建筑十书》中讨论到住宅的起源。罗马的大型公用建筑在功能上是很复杂的。大浴场等于今天的游乐园，其主要部分，只考

· 古罗马庙宇代表

虑到不同温度的水池、入浴前后的准备等已经够复杂了。给水、排水
与加热至不同温度等，即使在今天都是复杂的工程，当时已经完备。
其附属的浴前热身、浴后休息，所提供的艺文服务，今天的建筑师都
感到需要缜密的规划。

　　结构安全、功能完备，最后的条件，建筑要使人感到愉悦，也
就是美观。维氏的《建筑十书》中，有一章深入地讨论建筑的美感
原则。是他明确地指出美感与人体的关系，把美定义在各部分的适
当比例上。他不厌其烦地，使用几个字眼来说明这一美感观念，并
且花了很多篇幅分析希腊三种柱式各部分的正确比例。这些都成为
文艺复兴以后，建筑理论家讨论美学的依据。在那个时代，工程是
建筑的一部分。

　　维氏是恺撒大帝的建筑师，他的书是写给恺撒看的，可想而知，
对罗马建筑的影响很广泛。西方美学中使用 Propotion 这个词，其实
含意是远超过视觉美感的。它不只是线段的比例，还有均衡、相称与
适当的意思，也有匀称、调和的意味，有人译之为"权衡"。这些解

释可以使用在结构与空间上，不仅是视觉上的和谐感，也包含整体感受的完美。

在建筑的实务上，似乎罗马之美是自希腊因袭而来。希腊庙宇之美是典范，如何把这种高贵的美吸收并转化，使用在完全不同的结构体上，确实是罗马建筑师的挑战。这也是维氏要写建筑论的理由所在。让我们分别看看他们如何面对这个挑战。

罗马的建筑，如前所述，有两大类。神庙与广场属于一类，公共建筑是另一类。在美感的考量上也是如此。神庙建筑在架构上与希腊建筑，尤其是后期希腊化时代的庙宇在精神上是一致的，所以我们不妨说，罗马人模仿希腊建了神庙，所崇信之神亦颇类似。其差异之一，是罗马庙宇有正面，柱列只限于正面，庙室在后，墙上有附壁柱者较多。其二，有一高台，庙立于台上，正面有梯步上登。其三，大多前有广场与回廊。其四，有少数庙宇，其顶为桶形拱顶，神像在半圆顶神龛内。

罗马人的建筑美化

为后世特别重视的是柱式的改变。柱式（Order），指的是希腊庙宇柱梁系统的外观与比例。古希腊有三种系统，多立克、爱奥尼，以及后来增加的科林斯。我们曾详细说明多立克式，它是最有典范性的。但后世反而比较多用带有涡旋柱头的爱奥尼式，以及带有花篮与小涡旋的科林斯式。后两者的柱上都是三条石梁，其上为连续的浮雕饰。柱子下加了基座。它们在比例上都比较轻快。罗马人在这三种柱式之外，又加了两种，一为特斯堪式（Tuscan），一为综合式。前者是简

· 引水桥见证了古罗马的建筑技术

化的多立克式，柱面平光，有基座，属于轻便型。后者则结合了科林斯与其他式样之装饰性，属于繁重型。除了综合式外，维特鲁威都曾在书中设定了比例，供当时的建筑师遵行，也为后世研究的对象。

一般说来，罗马庙宇除了前提的圆形万神庙以其结构与内部空间的成就傲视建筑历史之外，其他庙宇在美学上是不能与古希腊相比的。大家应该记得，希腊的神庙是大理石琢磨而成，罗马庙宇则常常是用大理石片外装。

罗马人怎么去美化公共建筑呢？他们利用庙宇的柱梁系统来包装，尝试与拱圈系统相结合。我们不要忘记，拱系统由于以半圆形为主调，本身有独特的美感。最好的例子是引水桥，简单的拱圈的重复，横跨于山岭之间，是工程师不经意创造出来的美景。重要的建筑用拱的原理建造起来，他们认为不够雅致，就在表面用柱梁系统予以包装，这

· 梯度斯拱门

等于完美的力与美的结合。

以圆形剧场来说，它原是层层拱顶所建成。在今天看到的残迹，裸露的拱顶结构体使我们感动。表面没有被破坏的部分，建筑的外观是非常文雅的。

古希腊并没有高层建筑的例子。罗马人很聪明地发明了把柱式重叠使用的方法。因为多立克柱式比较厚重，就用附壁柱的方式，安置在地面层的外装。第二层为较轻快的爱奥尼柱式，最上面是更后期的科林斯式。这是既合乎美学，又合乎力学原则的，是最早期的理性与感性的结合，后来为文艺复兴的大师们所承袭。自此而后，柱梁加拱圈成为西方建筑最受尊重的建筑母题，直到现代结构系统彻底改变了砖石结构。

罗马建筑"权衡"之美，莫过于广场上的几座凯旋门。尤其是"梯度斯拱门"，表现出设计者在古典美学上的造诣，体积虽小，简单的拱、

· 中国古代漆器

柱组合，却近乎完美。其壁面的浮雕，在艺术性上亦十分恰当。可见古典之美以体积较易掌握的个体比较容易发挥作用。

器物之美

对比于西方的古建筑之美，中国除了高大的坟山之外，留下了什么呢？由于缺乏永恒的纪念性，中国古人只有向"立德、立言、立功"去努力，以便留名于后世。这一点，自文化的观点看，是超越西方的。自此，我们建立了两千年以来的士人的传统与气节，让帝王们去找不死之药，或到泰山封禅，期望延续统治权的影响力。

那么中国人真的放弃了美的追求了吗？美是一种天性，它必然要找到出路。我们可以猜想在当时，建筑物的表面必然有华丽的装饰。可惜这些都无法留存。中国的工艺，也就是当时贵族的生活用品中，必然投注了最聪明的创造家的智慧。

在铜器渐渐衰微，瓷器尚未出现的秦汉帝国时代，可能是漆器与玉器艺术最发达的时代。漆器，由于是木胎，同样很难保存，可是在少数出土的器物中已可看到其可能性。

　　自古以来，汉玉即被视为珍奇宝物。由于它的精心设计及细心加工，加诸较易保存，玉器之美几乎为中国古工艺美术的代表。近年来，大陆有大量古玉器出土，使渴望了解汉代美感水准的人们得到更多的机会，看到更多宝物，令人有美不胜收之感。只是这些造物离开建筑有些太过遥远了。

第三讲

宗教建筑形式的开拓

汉帝国与罗马帝国几乎同时遭遇到两种挑战，其一为宗教力量的侵入，其二为周边蛮族的南下。但在这几个世纪间，东西方的命运却绝然不同。

在中国，主要是因帝国缺少强势的统治者，形成地方割据的局面，因此对于外来的挑战丧失抵抗能力。佛教东来，本身没有什么力量，是因为北方的蛮族把他们强力带进来的。这并不是利用政治的影响力达到宗教传播的目的，而是军事征服之后，新的蛮族统治者，把自己的信仰强加于中国臣民之上，而逐渐被广大人民所接受。

到南北朝时代，佛教基本上已征服了中国。今天看来，中国人之屈服，与几个世纪的动乱有关。在兵荒马乱的年代最难生存的是老百姓，他们渴望和平的到来，可以过安定的日子，盼望不到，对于可以给他们安慰与来生期待的宗教，就拥抱不放了。

中国的古典文化中只有伦理的观念，没有宗教的信仰。"未知生，焉知死"是儒家的思想，"子不语怪、力、乱、神"。他们主张目不斜视，原本是不信邪的。可是到了政府无法提供安全生活保障的时候，大家就心甘情愿地接受慈悲为怀的宗教信仰，期待神祇的保佑。这样还解决了另一个问题，即国人对祖先的孝道。

在儒家思想中去世的祖先除了受我们每年按时祭拜之外，亡灵何在？虽有些说法，却是没有着落的。我们只有厚葬，只有"事死如生"以表达亲情。但外来的宗教却使我们共同期盼一个"西方极乐世界"，因此佛教就自然地融入中国文化之中。

在罗马帝国，情形就大不相同了。基督教传入罗马时，是来自东方的教徒大力领导。基督教总以耶稣为万王之王，有自己的行为规范，对于罗马人是一种侮辱；何况大力的传播之下，使基督徒人数日增，不免使人怀疑其动机。所以罗马政府是采高压政策面对教会的。可以想象，对于崇信古典神祇并以美丽雕像表现的罗马人，怎么能接受"反对偶像、人皆罪人，必须无条件地相信死里复活的耶稣和基督教会"？

所以帝国对基督徒是严苛的。他们把教会的领袖钉在十字架上，其中之一就是圣彼得。可是这个力量也是不能阻挡的。基督教膨胀到4世纪，已经逼得罗马皇帝君士坦丁不得不宣布其为国教，使基督教名正言顺地走上世界权力的舞台。不久后，君士坦丁正式把帝国首都迁移到拜占庭，后来称为君士坦丁堡。到了4世纪末，东西罗马就正式分家了。西罗马陷于一团混乱之中，东罗马则开始了一连串的建设，为西方世界开拓了另一波高潮。

正因为东罗马是罗马帝国君主权势的延续，当它遇上基督教，就会使宗教变质，与君主的权力相融合。显著的特色就是减少了博爱的精神，强调了君主在宗教中的地位。到后来，其极端的反形象运动（Iconoclastic Movement），也是自此产生。因此东正教完全脱离了希腊的人文价值，连艺术也渐渐消失了。宗教成为一种形式与规范，把古典文化的精神让给在西罗马缓慢成型的天主教会了。

"中国建筑"成型之谜

在中国建筑史上最令人无法理解的，是今天我们所认识的中国建筑是怎么产生的。难道在两汉帝国的盛期尚没有产生我们所认识的建筑吗？为什么在明器中可以看到民间建筑的影子呢？

在此我要提出中国建筑之基本特色有两点，是其他民族的木建筑中所没有的。一是斗栱系统，二是屋顶曲线。有些建筑史家认为这两者是相关的。因为需要曲线，才有斗栱系统；或因为有斗栱系统，所以产生了屋顶的曲线。可是这两者在汉代建筑上似乎都不存在。

真的不存在吗？为什么汉代的文学家有那么多文字描写美丽的殿堂，而且直接提到建筑的形象呢？我在四十年前研究此一问题，曾把班固、张衡、左思等"三都赋"中，与建筑形象有关的文字列出来，讨论其意义。我把它再择要引在下面供读者参考，考验一下大家的想象力。

班固《西都赋》

列棼橑以布翼　荷栋桴而高骧

上反宇以盖戴　激日景而纳光

张衡《西京赋》

亘雄虹之长梁　结棼橑以相接

蹋游极于浮柱　结重栾以相承

橧桴重棼　锷锷列列

反宇业业，飞檐辙辙（音：聂）

左思《魏都赋》

枌橑复结　栾栌叠施

丹梁虹申以并亘，朱桷森布而支离

这些文字是我挑出的，原文不尽然如此排列。看这些字都是中国字，但其义不明，只能看注解，注文又很含糊，感觉到他们描述的仿佛是很复杂的、很华丽的建筑景象。"棼橑"应该是斗栱，"橧桴"应该是梁架。"重栾相承"、"栾栌叠施"指的不是一层层的斗栱吗？"反宇"、"飞檐"这样的字眼已出现在汉长安城的建筑上了，应该是代表屋檐的上扬曲线吧！在曹魏的都城里，梁与"桷"都是红色，已出现虹形的梁材，很像在日本奈良看到的古建筑架构。

我们知道，建筑的风格常常需要长时期的习惯累积而逐渐形成。我们虽然不能相信文字中描写的汉魏建筑，但大体说来，汉魏之间应该是斗栱与曲线逐渐发展的阶段，到六朝初，形式应该大定了。我曾著文讨论，这种形式产生的先决条件很早就存在了。

中国建筑特色

首先是结构的"檩承重系统"。

在当时，中西的殿堂都是长方形。西方的殿堂是以短向为进口，以长向的墙壁承重。如果跨距太大，则在墙壁之间增加一列柱子。屋顶重量是以大椽落在上面以承担。中国的殿堂则是以长向为进口，以短向墙壁承重，可想而知，室内必须增加短向隔墙，或增以柱列，以缩短间距。间与间的屋顶结构是以檩（桁），也就是平行于长向的梁材所担承的。这两种承重方式只是顺应室内使用的方式，原本没有多大分别。可是另一个条件出现了，那就是出檐。

不知在何时开始，中国的建筑有了深出檐的需求，也就是在建筑物之外，有屋顶伸出。其实在希腊庙宇上，墙外也有屋顶伸出，但那是纯为设置柱列而设，在柱列之外并无突出，最多只是一块檐石（Cornice），哪里像我们"列棼橑以布翼"，檐下椽子如同翅膀一样的展开呢？中国的建筑也有柱廊，但飞檐是指柱外的屋顶！

· 云冈石窟内所见北魏建筑上的人字补间

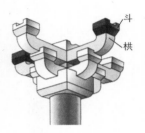

· 斗栱细部结构图

　　深出檐对大椽的西式建筑应无困难，但对檩承重系统就有困难。我们要设法支撑最外面的一根挑檐桁，这就是斗栱出跳的必要性。这种自出挑的部材支撑桁材的办法，有一个作用，即屋顶很容易形成曲线，只要调整桁材的高度就可以了。

　　在这个时期，由于佛教在北方开凿了很多石窟，可以看到一些建筑正面的形象，特别是在云冈石窟中所见。也就是在这里，一斗三升与人字补间一再地出现，而且是立体的，使我们相信在南北朝，这可能是全国通用的结构制度。可是一斗三升应该是构造上固定柱梁相交的方法，与出挑并无关系。可以由此知道，如果是一般的殿堂，并无出挑必要的时候，一斗三升就是标准的构造兼象征的做法。只有在必须出挑得较远时，才有重栱的必要。在北齐响堂山石刻上，可看到塔楼的楼板下面是由出挑的重栱来支撑。也许因为楼板需要承人体重量之故也。

　　至于屋顶的起翘是可以勉强用其他方法解决的。这个方法就是在

· 奈良法隆寺正面

· 奈良法隆寺,以斜撑托住梁柱之外的屋顶。

梁上安置斜材，倾斜的角度则视需要的坡度而定。这个斜材就是后世所称的昂。

说到这里，让我们看看日本奈良的法隆寺。法隆寺建于7世纪初，略晚于南北朝，但日本自中国学习建筑应为南北朝的早期，到7世纪已经成熟，所以习惯上把法隆寺视为南北朝的中式建筑应大致不差。

该寺的正面，为二层门厅，两翼为单层的回廊。自正面看，门厅为一斗三升的斗栱，而有极深的挑檐。我相信石窟寺中的一斗三升的石刻应是同类结构的图像。只有走到檐下才发现，一斗三升的中间是一支斜昂，支撑着出檐的桁材。由此可知在佛教寺庙广布于中国大陆的时代，即使只有一斗三升这样简单的构造，已经可以做出飘逸的曲线了。只是中国竟因战祸频仍，没有留下一座早期的建筑。

佛教建筑东传演变

南北朝时代，寺庙因佛教普及而为数甚多。开始时，受印度影响，为以塔为中心，环以方形回廊。塔原为佛骨之所，为覆钵形。到中国后与望楼相结合，成为多层的建筑。其间演变的过程并无足够的资料可以重建。一种合理的推测，可能是先有单层的方形建筑，上有斜顶。山东历城神通寺四门塔或为中国塔原型。

在今天的尼泊尔，可以看到各种塔的形状，似乎都是从印度塔原型发展而来。我们可以推想，自简单方形塔的四落水斜顶向上发展为二、三层的密檐，可能是为了强调其象征意义。嗣后边数增加，檐层也增加。在河南的登村，至今保存了完整的一座嵩岳寺塔，是造型极为完美的密檐塔，十二边、十五层，应该是发展到高潮的作品，时代是6世纪的北魏。

· 覆钵塔

· 神通寺四门塔

· 嵩岳寺塔

· 栖霞寺舍利塔

佛教建筑刚开始进来的时候，有点像印度那样，一个圆圆的大坟，一座塔，这个东西传到中国没办法被接受，因为是完全不同的文化，所以以塔为主的佛教建筑，来到中国就发生了变化。

在向密檐发展的同时，受瞭望楼的启示，逐渐发展为楼阁式塔。也就是先把方形塔的屋顶变成楼阁，再逐步增加为多层楼阁。但其象征意义并未改变。在《洛阳伽蓝记》中写到的永宁寺塔，简直是今天的摩天楼了。我们可以推想的，永宁寺塔也许与日本奈良法隆寺五重塔有些类似吧！这样一来，塔就完全融合在中国式建筑中了。

佛教建筑进到中国是两个路子，一个是塔，一个是寺庙。寺庙是有人出家，有点像教堂一样，有人传播佛教，一方面有人来修行，另一方面传播让更多人信教，同时也有敬神的意思。但这不是佛教建筑原来的意思，只是来到中国之后，传教变成更重要的事情，所以寺庙比塔重要。

寺庙建筑怎么样跟中国建筑联结在一起？开始的时候是经过统治阶级的力量传播。所以早期是用住宅来当佛寺，一个当官的人相信佛教，他就把自己家改成一座寺庙。

贵族的住宅变成寺庙，使得之后中国寺庙的建筑跟住宅差不多。前后数进，左右两厢。一进去是山门，然后是大殿与后殿，通常都是这样，其实跟住宅是一模一样的。

我们在魏晋南北朝时代，刚刚接受佛教的寺庙，通常是一寺一塔。本来是两件事，但怎么样变成一件事？

最早的佛寺是一座塔在中间，旁边围起来，其他都是附属建筑。后来变成一塔一堂一起围起来，塔是象征性的，里头是舍利子；堂是讲堂，也就是传教的地方。现在又分开了，塔不在寺庙里头，而是在寺庙旁边。不论是一起或分开，总之有寺庙就会有塔。

　　有一点在这里必须提起的，是六朝"舍宅为寺"的传统使后世的寺庙逐渐消除以塔为中心的印度传统，寺庙的配置几乎与住宅、宫殿相近了，寺庙遂成为僧侣们出家修行的场所，也是接受供养的地方。久而久之，庙宇成为另一类的地主，而且享受一切特权，使政府的力量日渐受到压制，税收减缩，因而使皇家无法忍受。遇上宗教信仰薄弱的帝王，就会有激烈的灭佛行动。这是早年的寺庙不曾留传至今的原因之一。

向心式圆顶建筑

　　如果我们把六朝时期发展成熟的东方建筑，以上扬的曲线与飞檐所产生的飘逸美感为代表，那么拜占庭帝国在以君士坦丁堡为中心的建设中，则是以层层圆顶堆积而成的壮丽造型为代表。这也许正代表了佛教本身的柔性本质与基督教刚性本质的强烈对比。

　　佛教在精神上是出世的，进入社会，助人为善，与世无争，高僧的修为如行云流水。但基督教在成为国教前，教徒们为宣扬教义已充满了斗志，成为国教后，僧侣的体系与政府的统治体系相结合，是权力的表现。这两种不同的宗教精神，呈现在建筑的功能上，形成强烈的对比。

　　佛教基本上是偶像崇拜的宗教，寺庙是佛像的居所。僧侣与礼佛的人来到佛像前行礼如仪，是个人的行为。因此庙宇内主要的殿堂是以建筑的造型及所奉祀的佛像为表现主体，建筑内的进深有限，礼拜空间狭小，因为佛像及香案等占掉大部分空间。来此礼佛之人大多在

· 公民建筑的转化，
集会堂内廊化。

通廊与庭院中流连，有世外之感。拜占庭的基督教，是重仪式的宗教，
重视室内集体活动。由神父领导的仪式活动，并非对偶像礼拜，而是
精神性的。因此他们需要的是启发精神力量的象征性空间。

　　拜占庭帝国自罗马带来了大规模建筑的技术，用来建造信众集
体活动的空间，因而很自然地创造了他们的宗教建筑。用罗马建筑
来比喻，好像把大浴场的公共性，加上万神庙的象征性，就是圣索
菲亚大教堂式的宗教建筑。也可以说，拜占庭的教堂是真正承袭罗
马精神的教堂。

　　公元5、6世纪时东西罗马帝国已分家，两边都信基督教，西罗
马还是用大会堂，但东罗马慢慢受东方文化影响。中东文化没有长方
形建筑的观念，而是用泥巴把洞堆出来，所以中东文化慢慢渗入东罗

· 万神庙用层层缩小的圆箍叠成立体的拱

马建筑，也开始出现圆顶建筑。原本罗马也有圆顶建筑，可是东西罗马的圆顶不一样。西罗马是把圆顶盖在圆形、八角形或十二角形的房子上面，但东罗马的圆顶是盖在方形的房子上。这是东西罗马建筑基本的差别。

东罗马所带来而大举使用的圆顶，是罗马时代发展出的两种圆顶结构之一。比较通用的圆顶，做法是一组在中央相交的拱，加上拱面而成。必要时在拱与拱间开窗采光。这是一种很合理的工法，大浴场的热室就是这样做的。但是罗马人却觉得其象征意义不足，只是覆盖大空间而已。万神庙的建筑，为了强调其神圣性，在圆顶的中央留了洞，以承天光。这样一来，结构就不是线拱组合的做法了，而是用层层缩小的圆箍叠成立体的拱。万神庙动人之处便在此。

拜占庭的圆顶使用的是第一个方法，其圆顶的象征性，要求高悬于空中的感觉，而不是万神庙中冷静的日光的神圣感。做法是在圆顶的底部、线拱的尾端，开了大量的窗子，使光线的绕射造成失去支承的感觉。虽然如此，拜占庭却承袭了万神庙向上仰望，并以圆顶为中心的空间观念，发展为独特的建筑形态，在世界建筑史上造成巨大的影响，遍布东正教与伊斯兰教的文化圈。

一切仍然要自圆顶开始。以圣索菲亚为例：一个直径近30米的砖造大圆顶升到空中使我们仰望的高度，要怎么支撑起来呢？如果用罗马式的圆形墙支撑，空间就受限制了。所以他们选择用四根大柱子。用四根柱子如何撑起圆顶呢？这是拜占庭的发明：在四根柱子上先立四个大拱，在上面砌圆顶之前先要补上三角形斜曲面（Pendentives），为圆顶做好基座。我们可以看到，这样盖圆顶，已经可以涵盖较圆顶为大的空间了。然而这只是起点。

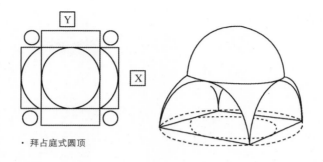

· 拜占庭式圆顶

　　一看就知道，这样的结构是无法支承圆顶的外推力的。怎么办呢？在圣索菲亚，在 X 轴的方面，以拱圈为切面，前后各加半个圆顶，在 Y 轴方面使用两个巨大的半圆拱顶消除上层圆顶的外推力，就可以站得很稳了。在四个角又各加一个小的圆顶，以安定 X、Y 轴上的力量。Y 轴由于很大的柱子厚度完全稳定了，在 X 轴，还要再加拱顶才成。

　　这样的结构并没有完全对称，但已经构成了超过圆顶数倍的室内空间。到后来，他们索性放开，在 Y 轴上同样地利用半圆顶去消除上层的外推力，如此，X 轴与 Y 轴就完全均衡，自平面上看，很像一朵花了。这是在现代技术出现以前，人类史上所创造的最壮丽、宽敞的室内空间，最具和谐美感的建筑外观。

　　伊斯兰教来到之后，比照圣索菲亚的形式与大小建造的一座伊斯兰教堂，就是用花朵式的，双轴对称的方式建造的。因为表面贴满了蓝色的装饰性碎锦画，故世称蓝色清真寺（Blue Mosque）。其室内空间非常动人，接近二十层楼的高度，前后约 80 米的巨大空间里，抬头看去，都是圆顶与半圆的曲面所组成的空间。向前看，是大小半圆拱圈组成的交响曲，这是在其他文化感受不到的。它确实会为信众带来神的意旨的感觉。这当然是最宏大、最经典的例子。

· 圣索菲亚大教堂外观及内部

· 蓝色清真寺

在拜占庭帝国力量的范围内，除了伊斯坦布尔之外，至今留下较知名大教堂的还有威尼斯与拉韦纳。前者的圣马可教堂因广场闻名于世，站在广场上可以看到一个华丽的圆顶与圆拱的交响曲。

在结构上，圣马可教堂是中型的建筑，圆顶半径只有十多米，但是室内空间仍无压迫感，是因为采取同样的结构方式，地面空间可以横向连接。在这里，使用圆顶与拱顶并用的方式，自中央向X、Y双轴延伸，形成希腊正十字形。在四个臂上各建圆顶一座，整个建筑乃由五个大小相近的圆顶所组成。在后期的建筑中，如圣马可，为了使圆顶被看见，开始在其上建造一个木架的高帽，造成天际线的丰富变化。这种做法影响了后来东正教向俄罗斯方向传播的教堂。他们不再建造庞大的圆顶，不再需要半圆顶扶持，他们要的只是圆顶的象征形式。因此圆顶成为东正教的标志。他们可以建造很小的圆顶，把它尽量提高，

· 莫斯科的圣巴塞尔大教堂

· 耶路撒冷圣石庙

并加以富丽的装饰。最有名的莫过于莫斯科的圣巴塞尔。那组过分夸大的、外装的圆顶几乎成为克里姆林宫的标志了。

拜占庭的圆顶建筑毫无疑问地影响了伊斯兰教的建筑。但是伊斯兰教在初期所承袭的是圆顶下的大空间，因为他们需要室内集体礼拜的空间。在耶路撒冷，8世纪时所建的圣石庙，就是拜占庭圆顶建筑的典范。简单的一个大型圆顶，周边用一圈桶形拱顶所扶持，所构成的有力的八角形建筑，是伊斯兰建筑的纪念物，也是最美丽、动人的作品。

伊斯兰教建筑向东方的推进，随着伊斯兰力量的扩张，创造出各种以圆顶为主要形式象征的重要作品。伊斯兰教帝王在印度的宫殿与寺庙都是自此衍生而来，只是自后期拜占庭以来把圆顶装饰为洋葱式圆顶，把半圆拱装饰为火焰式拱而已。这个现象并不能削弱圆顶在建筑美学上的表现，在恒河流域，泰姬陵这座王妃墓，是圆顶建筑中无可否认的最高成就，取得全世界的共识，也完全符合古典美学的基本原则。

第四讲

欧洲中世纪与唐宋帝国

在中国唐宋时期之前，东西双方大致上是平行的；但到了唐宋之后，西方进入中世纪所谓的黑暗时代，此后再无法说两者是平行的了。

中国经过南北朝几百年，在隋唐以后再度统一。唐宋是中世纪帝国，从唐朝到北宋，是中原文化发展最强的时期，而欧洲正是封建黑暗时代，此时欧洲在文化上受宗教所统一，精神上追随着天主教系统，对他们来说，虽然政治权力上四分五裂，却有另一种统一。例如8世纪之后的神圣罗马帝国，皇帝要受教宗加冕后才有权力，可见宗教系统的力量大过政治力量。

在这样的背景下，东西方各自发展出的建筑，可想而知会有很大的不同。一边是宗教与政治合一的大一统帝国，另一边则是精神上的凝聚。唐朝文风与艺术鼎盛，可想而知建筑也很兴盛，从唐代遗留下来的书，不难想见唐朝的富丽堂皇。只是很可惜建筑本身鲜有留存。

西方自罗马帝国衰亡到基督教文明建基的这段时期，被一些史家称为黑暗时代。这个时代自不同的角度看有不同的解读，但其意义是，在罗马帝国的后期至于衰亡，国力衰弱，已无能力压制周遭蛮族的入侵，而逐渐使古典文明消失于落后的蛮族之手。蛮族来自北方，为了生存条件向地中海侵袭，暴力烧杀，既无文化又无理性文明可言，使得经过长时期建设起来的希腊、罗马的光辉因而熄灭，西方世界又恢复到蛮荒时代的黑暗。"黑暗"是指失掉文明的光亮，这样的形容词大体是大家同意的。

在这个时代里，只有等待新文明的萌发。而新文明的种子是被罗马人承认不久的基督教。教徒们以信仰的力量与救赎的精神，自人性的需求逐渐为蛮族们所接受，而软化了蛮族的动物性，促使他们进入文明世界。直到蛮族们通过宗教的人文精神，重新建立新文化，

· 仿唐木构建筑，奈良药师寺东塔。

欧洲才算重见光明。这段时期有些历史家宁以"中世纪"称之，不愿使用"黑暗"这一侮辱性的字眼，其时间粗略地说，是自公元 500 年到公元 1000 年间。

我们可以想象，蛮族间以粗暴的手段占领了帝国的领土，重建秩序是很困难的。这就是庄园制度与封建制度逐渐形成的原因。说穿了，这是因为新来的领导者不知如何治国，就把管理土地的权力分别交给下属。最基层的民众——农民，就归属于土地及拥有土地的庄园主人。在中世纪的初期，连这些制度都未建立的时候，民生是很悲惨的。

在政权分散的时代，宗教的力量就会上升。罗马产生了一个宗教领袖——教皇，渐渐可以干预俗世事务。这种权力与俗世没有两样，在教皇之下，各地都有主教，掌理地方的教务，教会的力量成为民间精神与物质的双重支柱。这时候，俗世的文化彻底消失，基督徒自虔信的修道者，与东方的出家众一样，建立起出世的文化。自 6 世纪开始，这些僧侣在修道院里过生活，开发出自己的文学、艺术，甚至科学。教育来自修道院，西方自此有了大学的雏形。在中世纪，建筑也是僧侣们的工作，是神圣不可侵犯的艺术。可想而知，中世纪粗鲁的领主与武士们，除了动武之外，对社会是没有什么贡献的。

教堂建筑的产生

在罗马帝国时代，教堂虽为地下活动，却已存在了。靠着宗教的热诚，传教成为教徒们的使命。被承认为国教后，可以公开建造教堂，他们自然要为教堂找到适当的建筑形式。他们不得不承袭罗马时期的建筑技术，由罗马的匠师建造，使用罗马的材料。开始的时候，使用

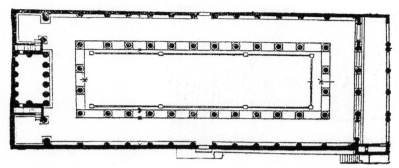

· Basilica 平面图

旧有的材料都是可能的。

东西罗马分家后，基督教堂也因宗教性质的不同而分道扬镳了。东罗马教堂挟君主的威严统治帝国子民，其象征价值非常重要；西罗马的教会却是自信仰力量的推动，所以功能的意义比较受重视。教堂的前身，可能是民间住宅的大型厅堂，与今天的教会聚会所一样。也可能是被丢弃的旧庙。可是一旦兴建，他们要找最合用的传统建筑，也就是最接近传教堂式的建筑，作为基本模式来加以修改。那就是Basilica。

古罗马的公共建筑群中，有一种建筑，是简单的长方形，内部中央及周边有成列的柱廊，有甚大的空间，是供公共集会的殿堂，据说也有法庭的作用。这是一种公民性最强的建筑，没有宗教与娱乐的用意，它是罗马广场上规模最大的建筑。后期的此类大集会堂，受了庙宇的影响，在其一端建了半圆形的神龛，可能是主席或法官的位置。

基督教一旦公开化，掌握了权势，自然会看上这种集会堂而予以改造。周边环廊显然是不合用的，因为教徒集会需要一个牧师的讲台。

· 圣保罗教堂

后期一端有神龛的比较合用，自然就成为他们选用的模式。这是具有神圣性的建筑，由于基督教信徒们崇拜早期为宣教而受难的圣者，所以早期的教堂都是把神坛建筑在圣者的墓地上以示尊敬，教堂就以圣者为名。

现存的早期基督教堂，规模最大的是罗马的圣保罗教堂。正门进去是一个方形的中庭，四周为拱廊。这里应该是尚未信教者等候的过渡空间。自中庭进入前廊，一个较宽的柱廊，是心理准备的空间。然后进入大厅，感受到一个会堂空间的壮丽。这时候的教堂内部是单纯的、高贵的，中殿（Nave）很高，壁面共有三层。地面为拱廊，中间有一个壁面，是绘画安放的空间。再上面是天窗。屋顶是木屋架，自罗马时代就没有使用拱顶，此时仍沿用旧制，顶上是天花板。在入口的对面，遥远地看到半圆殿（Apse），有些近似凯旋门的造型，也是马赛克壁画之所在。

中殿的底端与环形殿之间增加了一个高起的台子，称为圣坛（Bema），是神职人员作业的空间，因此使整个建筑的造型呈丁字形。自这里通往后院僧侣们的居住区，修院内庭（Cloister）。在中殿的两侧

· 仿罗马式，比萨大教堂。

是边廊（Aisle）。圣保罗堂属最大规模，每边有廊两重，与古罗马广场上的集会堂相同。边廊的斜屋顶在视觉上是大殿的支撑，使建筑的主体在外观上呈三角形的稳定感。加上一座钟塔，一间多角洗礼堂，就是基督教堂的雏形。

这种教堂的形式在西罗马地区广为传播，但都是同类却比较小型的教堂，据历史家说，一直用了近千年。很多人把这种教堂与所谓黑暗时代连在一起。

仿罗马式教堂

早期教堂在各地的发展因周边建筑的影响而有些差异。有些在底端多了几个半圆殿，有些在中殿中使用平梁，有些在边廊上使用拱顶，大多数都放弃了圣坛，使殿内空间显得单纯些。这样的教堂自文化传承的观点看，可以称为罗马式（Romanesque）建筑，我国的建筑史家译之称为仿罗马。可是上千年的时间，前半段比较接近古风的被称为早期基督教式样，后半段则为自8世纪到12世纪，由于在建筑上有了显著的改变，只能称之为罗马风建筑，才有这个名词的产生，以别于早期的教堂建筑。

后期中世纪建筑的变化

据有些史家推断，由于木顶教堂易招火灾，在欧洲各国基本上安定之后，就寻求永久性的建造方法。改变的第一步就是屋顶的拱顶化，并在技术上产生系统性的发展。把屋顶用砖瓦砌成拱顶是古罗马的技术，但却未用到集会堂上，因为厚重的拱顶所形成的外推力，必须设法支承，而长形的建筑不如向心式的建筑容易解决这一问题。在此就有拱顶轻量化的需要。

还有另一个问题：支承拱顶所需要的厚重墙壁会造成开口困难，所以在边廊上开始使用交叉拱顶。这是古罗马在浴场上使用的屋顶，在结构上相当于桶形拱顶十字交叉，相交处自下面看是交叉的两条线，所以长宽应该相等。为此，一个长廊会分割为几个方块，就自然影响到建筑的整体架构。交叉拱顶的利用与轻量化的需求加起来，就产生了中世纪建筑上最重要的发明：拱筋。这时候已经到了11世纪了，聪明的僧侣与匠师主导了一切。

所谓拱筋就是在建造时先砌成拱，使力量借拱来传达。拱顶只用较薄的石版精工砌成即可。这个技术成熟后，即可加大拱顶的尺寸，使用到中殿上去了。这样做，只要把边柱加大，或加附壁柱，问题就可以解决。因此这样的结构到了11世纪就在今天的意大利、法国、德国各地广泛地被使用在教堂上了。

仿罗马建筑的改变，第二点是材料的利用。古罗马的传统是用混

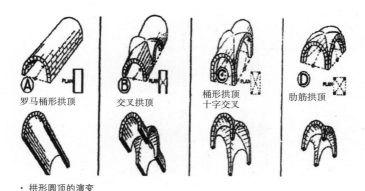

· 拱形圆顶的演变

凝土与砖，外面贴大理石。到中世纪，因各地分别发展，失去了中央政府的财力，就自然回到地方的风貌，就地取材，以当地的石材为主。这在石材丰富的法国更是如此。不同的地点使用不同的石材，其色感与质感形成地方的特色，使仿罗马建筑表现出石材的粗犷、朴质的艺术风格，为其他时代所不及。在法国的中南部，石造所传达的诗意还较大理石为佳，使建筑与大地的连接产生感动的力量。它们不需要细致的线脚与精雕的装饰。现代的柯布西耶也持有这样的看法。

这时代，动人的门窗开口是一大特色。由于石砌的墙壁很厚，所以用圆拱支承开口。厚重的拱圈如何安装门窗呢？所以有退凹门樘，也就是自外向内，层层后退的拱圈，把空间缩小到可以安装门扇的大小。拱圈的下面用附壁的柱子，跟着拱圈后退，形成退凹的柱群，是门窗主要的装饰，也非常有感动力。这样的大门，具体而微地形成后世基督教堂的进口设计的模式。

最后是此时期的教堂的平面。早期的教堂原是 T 字形，交点处为半圆形内殿（Sanctuary），发展到此时，内殿拉长，圣坛改为翼殿

· 中世纪建筑的退凹门樘

· 德国玛丽亚·拉赫本笃会修道院

· 比萨教堂群，配置呈拉丁十字。

（Transepts），与中殿同宽，整个教堂就变成了拉丁十字形。在早期教堂里通常配置独立的钟塔，与洗礼堂同为教堂的附件，可是此时塔变为多数，却融入教堂的本体了。最常见的是在正面入口的两侧，各有一座高塔，在拉丁十字的交叉点建一座尖塔。这样的布置并没有标准化，有时只有中央尖塔，有时只有前门双塔，也有只建一塔者，视情况而定。但也有后面的环形殿又增成对尖塔者，特别是德国的教堂。总之，仿罗马之后，基督教堂必须有塔的形象就普遍化了，直到今天。在此阶段，教堂仍以修道院中为多，称为 Abby church，这个时代也是天主教中僧社（Monastic Orders）最盛的时期。

木造建筑的成熟

隋唐帝国是中国中古时期的盛世，由于统治政策虑及民生，所以国家富裕，工商发达，贸易及于海外，在建筑上自然是达到高潮，成

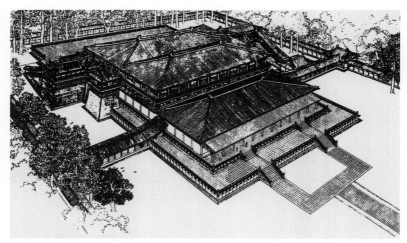

· 唐大明宫麟德殿想象图

为韩、日等周边国家的模仿对象。

　　自历史上看，此时期的都城与宫殿建设应该是最值得称道的，可惜没有留下什么具体的建物。自壁画残迹可以看到，建筑是非常富丽的。近年来大陆的建筑历史学者在考古基址的发掘资料上，重建当时都城、宫殿的图像，规模极为宏大。都城以坐北朝南的宫城为主，正门之外为南北向的大道，衙署等都沿大道而建。除此之外，百姓的居住区则以坊里为单位，把市地画为方格，每格为一坊，形成一治理单元，内为十字形街道，居民均沿街道建宅。自壁画上看，住宅均有围墙，中有居室，院落很大。富人之家以木造回廊为院墙，一般人家以土壁为墙。因此都城是由大圈圈内套小圈圈，共三层圈圈所组成。可以想象，这样的都城是很安静又安全的。它的大街宽广，只供车马行人往来，市场等则集中在"市"坊中，一副大国气象。只是下层民众如何生活，

· 南禅寺大殿立面复原图

· 大雁塔门楣石刻拓印

在今天是无法想象的。

在唐代长安宫城的发掘中，可知规模非常庞大。以其中大明宫的麟德殿为例，台基宽 60 米，共十二根柱，前殿梁六柱，中殿夯土墙内为十柱，后为高廊，总计十八柱梁，即十七间，其规模可以想象。前殿应可推断为两层台基，为庑殿垂檐的殿堂，有左右两梯道进入殿内。至于中殿的造型就不得而知。根据大陆学者的推测，宫殿是建在高台上，两翼有对称配置的楼阁之类，衬托正殿的威严气象。这可能是中国史上建筑最辉煌的阶段。

木结构在此阶段应该是最成熟也是最优雅的时代。中国的木结构如前所述，到南北朝已逐渐定型，但斗栱系统的合理性与表现性尚无法完全统一，需要很多推测才能了解。日本法隆寺的昂出挑系统与上部结构的关系也相当暧昧。可是到唐代，表现在石刻与壁画上的斗栱系统非常明确，以建于 8 世纪的南禅寺大殿为实证，对照西安大雁塔门楣石刻，可以说是非常明朗而清晰的结构与构造系统，并有美感的表现。

简单地说，中国木结构以前后柱列为支撑，以梁上加梁的方式支承圆檩，以上承屋顶。用斗栱出跳的方式，支承挑檐檩，再用大椽条造成飞檐。这样的系统到唐代正式成熟而达到巅峰。这时候合理的建筑外观，屋顶是比较平缓的，在合理的结构与屋顶之间没有作假。而斗栱系统如同大雁塔门楣石刻是在柱头上出跳，每一个部材都是必要的，而且是美观的。柱与柱间并没有斗栱的必要，因此用蜀柱或人字补间来稳固桁间就可以了。

在敦煌的壁画中出现很多宫殿建筑的图像，作为佛像的背景，这些宫殿除了呈现对称的布置，与层层殿阁之外，可以看出当时殿、阁、飞廊的组合是活泼生动的。建筑物的风格都是平缓的屋顶，深远的出檐，有飘逸的感觉，檐下清晰地呈现柱上的斗栱系统与柱梁结构。这一些使我们可以安全地说，这就是木结构的成熟风貌，如壁画所看到的，这些柱梁结构大多是红色的，如同在日本古建筑上所见。柱梁何时才有彩画是一个值得讨论的问题。

可是建筑演变得很快，到了9世纪，就出现显著的变化。大凡一种建筑在成熟之后就会有趋向繁饰的现象。在五台山，离南禅寺不远处，留下一座唐代建筑，佛光寺大殿，目前是建筑史上的经典。建筑史家分析其结构、空间与美感的关系，认为最能彰显佛像的伟大。诚然，该大殿中的佛像也是古代流传至今的杰作，值得欣赏；但从纯建筑来说，已经走上构造性装饰的途径了。

佛光寺大殿七间，比例非常匀称。正面每间柱梁近正方形，柱间与檐高近黄金比。室内断面空间在天花之下亦近方形，是当时匠师无意中的杰作吧！然而无可讳言的，在结构上增加了很多装饰性的部材。在室外，增加了没有什么用处的柱间铺作。也就是原来只有用在柱头上的斗栱组，现在柱间也有了。这个动作对后期建筑的影响非常显著，因为檐下的斗栱原本是个别的形象，如今就连成一片了，因此形成西

· 佛光寺大殿

方建筑中檐下的饰带（Frieze），结构的意味渐渐消失。在室内，柱子之上出现很多层斗栱，似乎要造成拱圈的感觉。

不能否认的是佛光寺大殿所显示的成熟时期的木结构的风貌，其艺术的价值与对木材的适当运用是息息相关的，坐实了中国人是木匠的国家。斗栱的高度为柱高的一半，可想而知，匠师们对斗栱的造型是在意的。

唐代建筑有没有成法呢？应该是有的。在 1103 年宋官方公布的李诫编《营造法式》的"总序"中提到，过去确有《营造法式》，但是因为没有详细明确的制度，大家使用时"临时不可考据，徒为空文难以行用"，所以才要他重修。我们推想早年的《营造法式》是没有图样与尺寸的，匠师望文生义地去利用，所以"难以行用"。李诫的《营造法式》的出现可说是终结了中国木建筑自由创作的传统，出现了经典式的制度。

可是到了 11 世纪末，已历经三四个世纪了，李诫订定制度所根据的建筑做法，已经不是高峰期的建筑，可能是宋代皇家匠师的习惯做

· 晋祠水镜台宋式彩画

法了。所幸这本《法式》也没有规定得十分严格，后世的建筑并非照本抄袭，比起清式要自由得多，因此这个时代留下来的少数建筑，并不是一个模子，还是因时因地而有创意的。

《营造法式》的贡献，除了有图样供后来者参考、不会误解外，重要的是建立了材、契、分的制度。这是建筑各部材的比例的规定。在那个时代没有结构计算的方法，用材的大小并非计算而得，是从经验中学来的。所以用材大小、宽窄的比例不只是美观问题，也是安全问题。

自《营造法式》中，我们还看到一种制度是前所未见的，就是彩画。出现了碾玉装、解绿装等名词。在后期的版本中，曾有彩画的具体呈现，表示对彩画已有制度性的规定，不再是红色一片了。木构件上的彩画何时出现，没看到先辈历史家的讨论。在考古资料中，曾见到彩画的是唐二陵，其中引人瞩目的是柱子上也有彩画。这是不是晚唐以后的制度我们不得而知。照《营造法式》的资料，似乎在盛唐红

· 大雁塔

色挂帅之后，应装饰的需要逐渐演变出碾玉、青绿、多彩等彩画体系，甚至在图案之外也有花鸟、兽类的图像出现。因此建筑的装饰已与民俗艺术相融了。

在佛教非常发达，寺院到处可见的唐代，佛寺的建筑已自塔为中心转移为以大殿为中心了。但是塔仍然是寺庙中不可缺少的一员。唐寺之塔应该以木塔为主，所谓楼阁式塔，自六朝以来已经成熟，但因兵火之灾，并没有留传至今者，倒是砖石所建之塔，还有些存在。最著名的是西安的大雁塔，虽经明代重修，可能已非原貌，但大体的造型应该是保存着的。其气势有唐代风貌。

楼阁式砖塔多是四方层层楼阁叠成，外表砌出柱梁斗栱的模样，向上缩小，最高处为尖顶，似是木造楼阁塔的复制。但是檐塔就不同了，平面虽仍为方形，却有一个很高的基座，上面是十数重的出檐，坚密相接，仅有形式价值。可是这种塔在外观上以曲线的完美取胜，亦可看出大唐遗风。

在同一时期，也渐开发出成熟的砖拱的技术，这在同期的墓建筑上较易看到拱顶的使用。在四川前蜀永陵的墓穴里，看到用连续半圆形拱所构成之墓室。拱与拱间铺以石版，是很巧的结构，为他处所少见。其实中国砌拱的技术在石桥上早就很突出，不输西方了。

第五讲

近代来临前的东西方世界

中世纪时期的西方，宗教影响力非常强大，后期当民族国家兴起，政治人物慢慢超越宗教，宗教影响力也随之减弱；另一方面，商业文化兴起，商业力量也开始进入一般民众的生活。这是两个形成转变的重大因素。

中世纪自7世纪之后，到文艺复兴之前，是一段不太清楚的过程。但在这段时期，一方面出现了我们今天熟知的主要社会状况与价值观，再者，"知识"也逐渐占有一席之地，同时在建筑上更是到达一次顶点。也许你要问：中世纪发展了那么久，为什么会在此时突然推上顶点？这是因为过去俗世的力量无法成就此事。

东方的情况也是一样。过去中国历史不太注意这一点，但从宋朝末期，中国文化开始庶民化，国家本身很软弱，随时都在动乱，但民间知识界有很大的变化，宋朝理学家们都在用完全不同的角度来看人生。过去是用宗教的角度看人生，古典时代则纯粹是伦理孔孟思想，但中世纪宗教思想进来，伦理加上宗教思想，就成了宋朝理学。

如果把唐代的盛世视为中古文化的高潮，这个高潮逐渐下降，到北宋灭亡，可算告一段落。中国文化自此就以南方为重心了。

北宋是转变的时代，一方面它是退缩而怯弱的政府，另一方面却在工商业方面有相当的发展。宗教的影响力逐渐下降，中国的知识分子似乎自佛教的支配下苏醒过来。理学家们自古典的思想中找到自我，加上些道家与禅宗的观念，开始支配新时代的思想。到了南宋，甚至风水都在朱熹的思想中出现，具体地支配了未来数百年的空间观念，使建筑与迷信联结。知识分子完全摆脱了门第的影响，以考试方式争取社会地位，因此平民也可以通过考试制度光宗耀祖。一个建立在平民与小地主阶层的文化由之而产生。词代替诗，成为最受欢迎的文学形式。

北宋建都于今开封，称为东京，位居运河之中，因与南方交通便利，是适合发展工商业的城市，因此社会形态产生了质变。

中古的棋盘式城市发展模式，显然已无法适应新社会形态，自汉至唐发展成熟的里坊制度面临解体的命运。方框套方框的组织观念为有生命力的线形组织所取代，街道遂成为城市组织的主体。

北宋中期开始，逐渐把里坊与市场周边的围墙取消，但还是保留了坊的观念，分区予以管理，其管理单位称为厢。城市的活动则集中在城门与城门之间的街道上。不论是住宅还是商店都对大街开门。大街的后面则是自然发展的窄巷。

东方：绘画中看建筑

北宋中期以后的建筑留到今天的不多，好在有了《营造法式》一书，我们可以了解个大概。可是对宋代建筑真切的认识，反而要靠其他的来源——绘画。

宋代是最适合用绘画来表达建筑的时代。在绘画史上，宋代是写实能力达到高潮的时代。这时候文人画尚未出现，水墨表意式的画法只偶尔一见，主要的画家都以近似后世工笔细描的技巧画画，即使山水也不例外。范宽、郭熙等的山水画气势宏大壮丽，不因细笔而有所损伤，他们偶尔涉及建筑，大多线条与细节交代清楚，与后世的界画几无分别。这是一个认真观察外物，而又能忠实地笔之于画面的时期。这种精神延续下去，几乎可以出现科学了。事实上，宋代理学"格物致知"的理念，确有科学精神在内，可惜宋代国力衰弱不振，士人重内省而轻创发，最后走向感性表现一途。

· 张择端《清明上河图》(局部)

这时期有助于了解建筑的绘画，最重要的作品是张择端的《清明上河图》。这是中国画史上描述市街景象，兼及于建筑物之写实表现与市民生活描述的作品，非常生动、传神。对民间建筑的呈现胜过今天的摄影，画家对东京（北宋时开封府）市街的细心观察，是有科学精神的艺术家手笔。

在此阶段，界画开始盛行。所谓界画，是用尺画出来的，在今天等于工程画。当时的画家会如此认真地画建筑，实在很难想象。感谢他们，由于他们以工程师的精神来表达眼前使他们感动的景象，我们才能看到当时建筑的再现。

当时的画家对用器画没有偏见，所以能生动地画出建筑的趣味，经配置后与今天建筑师的立体画相当接近，不但表现出建筑空间与造型，而且更富艺术价值，因为他们作画的目的不是表达建筑的形象，而是以建筑为背景，表达人的活动，因此画中人物是不可少的。到了元代，王振鹏的界画在传达细部方面，已经超过工程师的本领了；当然，仍有人物存在。

让我们稍微细腻地看看这两类绘画。我们在《清明上河图》里，看到这些特色，值得在此一提：

一、城外农村的住宅，有瓦顶与茅顶，用歇山顶，但为长形屋，并无四合院。屋脊用材弯曲。

二、城内市民住宅以悬山为主，屋顶有轻微曲线。

三、悬山收头为简单穿斗式，歇山的山墙有垂饰，有搏风板，相当雅致可观。（搏风板：在悬山或歇山屋顶，两山沿屋面斜坡钉于檩条端部的人字形板，以保护桁头免受日晒雨淋。）

四、市民建筑面街为一层商店，全面开向街道，后面建筑为二层，为住家之用。似很宽敞、华丽。

五、屋顶有自由交叉的情形，或为十字形，或为丁字形，形成颇有变化的外观，为后世所无。

六、民用建筑上不用斗栱，但官家的大门使用斗栱，里面也有合院。斗栱与法式制度相同，有补间铺作，无雀替。（雀替又称"插角"或"托木"，安置在梁与柱的交角，约呈三角形，具有稳定和装饰的功能。）

七、窗为直棂。

八、商店之外也有地摊。

宋代画家的界画，以描述想象中的山水情境之楼阁为多，可称为"仙山楼阁"类。也有描写唐宋在江湖之际所建的眺景式楼阁，如黄鹤楼、滕王阁等名胜，但仍加了想象的成分。画家们在各种长卷中所描写的建筑，提供了当时建筑的讯息，很值得研究。具体说来：

一、清楚地表现了建筑的梁架结构。

二、看出当时建筑组合的自由风，各种屋顶联结。

三、工字型与 T 字型建筑非常普遍地利用在主建筑上。

四、两层楼的主房亦甚流行，绕以单层建筑。

五、院落以各种方式出现。回廊亦可代院墙。

六、窗有方格窗及其他棂条设计。

建筑的实例

在此时期的晚期，华北尚留有少数实例。这些例子大多是辽、金留下来的，都是上世纪 20 年代初，梁思成与林徽因等调查研究，才为建筑界所熟知。这些建筑一方面延长了唐代对北疆民族的影响，一方面也参考宋代正统的营造法式建筑的做法，所以在建筑的表现上有其

· **庞大的斗栱**

独特性。这些建筑在格律化的"近代"到来之前，发挥了某种程度的自由的表现精神。

自这些散布在北疆的古建筑中，可以看出以下几个重要的发展过程，如何自木结构的盛期发展到近代我们所熟悉的外貌。

其一，斗栱自大而小，自柱头发展到补间。补间的斗栱又有各种变样。

早期的建筑，斗栱与柱高的比例是恰当的。如果出跳多，如佛光寺大殿的重昂，整个斗栱组占的比例就可以达到檐下高度的三分之一。这样的斗栱是很庞大的，所以在测绘斗栱的时候，好像进到树林里。在结构工程上看，实在没有如此庞大的需要。为减少施工上的困难，后期逐渐减小是自然的发展。我们在前文中提到，以日本法隆寺为例，出檐与斗栱没有必然的关系。

从佛光寺大殿，可知 9 世纪末，已发展了补间斗栱，檐下已经连续成一列了。可是当斗栱组逐渐变小的时候，补间就出现了变化，因为一朵斗栱无法补满，无法有连续感。一种情形是放弃了连续感，如独乐寺的山门；一种情形是改变补间的做法，即发明了斜栱，增加了补间的宽

· 带琉璃的屋顶

度，如大同几座辽金佛寺之情形（例如善化寺三圣殿）。至于佛宫寺塔，由于柱间宽度愈向上愈窄，柱间的斗栱形式简直是多样性的陈列了。

其二，屋顶坡度开始发生变化。

在唐代，屋顶坡度很平，只有在很远处才可能看到建筑的全貌。走到建筑物的面前，只能看到檐下的斗栱与枋柱。在断面上，檐檩与脊檩的水平距离是垂直距离的一倍多。这时候，垂直距离慢慢提高。南禅寺与佛光寺的屋顶坡度比例是 1∶0.4，在《营造法式》中厅堂的举高已经是 0.5。独乐寺山门已经是超过 1∶0.5 了。这当然是斗栱减小，加上彩饰后对视觉的影响降低，使正面的屋顶在外观上愈来愈重要的原因。

约当此时，重要建筑的屋顶上开始用琉璃瓦，有时以琉璃瓦为灰瓦勾边，有时在中央做菱形图案。为了使屋面为观者所易见，提高屋脊是必需的措施。

其三，内部柱子的自由安排。

木造建筑的柱梁配置，原本应以整齐为原则。可是在此过渡阶段，匠师似未受《法式》的规范，有"移柱"与"减柱"的做法。这是因

· 晋祠圣母殿采减柱法营造，以廊柱和檐柱承托殿顶屋架，殿内无一柱。

为在厅堂中，柱子按结构的需要整齐排列，有时候不能合内部功能之用。比如佛殿中，佛像前面需要较大空间，就有减柱以扩大空间的必要。这在今天现代结构系统是很简单的事，在11、12世纪的中国，则需要一些匠师的智慧。

很可惜这种空间运用上的自由，没有得到后世的认同，到了近代就很快被抛弃了。如果顺着这个方向发展下去，中国的木结构也许会有不同的面貌。

上帝的荣光

在欧洲，中世纪的末期是基督教文明的最盛期。这是民族国家建立的阶段。

在此之前，欧洲大陆被称为黑暗时代，整个大陆为无数封建领主所占据，基督教的信仰是老百姓赖以存活的心灵依靠，因为他们在领主的恶霸式管理下，类同农奴，过着艰苦的日子。民族国家是由英雄式的国王所带领。这些英雄在基督教对抗伊斯兰教侵入，或十字军东征的战争中，赢得军事统领的地位，从而掌握了王权。

国王们首先在百姓的支持下，压制了封建领主的气势，终于使他们屈服，因此而使欧洲社会产生两大重要变化。第一是市民阶级的兴起。老百姓得到自由后，逐渐集居于城镇，摆脱了主教或领主的势力，而能兴盛繁荣。

第二是在此政治情势下，工商业迅速发达。由于除掉了割地为王的领主们，国与国间交通路线开放，商业往来自由，生活富裕，使城镇有了生存的力量。这时候，手工业也快速成长，工会组织保障了工人技术的传承与工人的社会地位。因此市镇的发展一片荣景，为近代文明的来临奠定了坚实基础。

摆脱了教会的控制，自由的心灵在宗教信仰上表现了更大的力量。在过去，教堂是修道院的专属建筑。如今市镇有了自主的权力与财力，就希望拥有自己的教堂。市镇人民的宗教热潮形成一股建造教堂的风气，各地互相比赛建筑技术的精巧与空间之宏伟，因此在很短时期内，大教堂如雨后春笋般遍地萌发。

这个建造主教堂（Cathedral）的风气以法国王室直属领域为中心。核心城市为巴黎。在这里，约一百年间，发展出西洋史上前所未有的建筑风格，与动人的风貌。

我们应记得在当时的法国，这些教堂不只是教堂，它是公共集会堂，是人民的骄傲，也是他们的《圣经》读本与国民学校，相当于今天的一切文化机构的总和：音乐厅、图书馆、博物馆、画廊。因此教堂内集结了各种艺术创作：彩色玻璃画、圣者的雕像、手刻的故事浮雕及手工艺装饰品等。这些市民自己住在附近的土屋茅舍里，却把一切积蓄与技艺用在教堂上，可知 12、13 世纪的天主堂是市民的生命的一部分。这是人类史上少有的现象。一般说来，法国的天主堂被视为典型哥特教堂，其技术的发展也是自此开始的。让我们了解一下所谓哥特教堂的建筑吧！

故事从拱顶开始

我们知道仿罗马的（Romanesque Art）教堂到 11 世纪已大量使用桶形拱顶及桶形交叉拱顶。这种拱顶用在教堂中殿的屋顶上常常因为两侧柱间宽度与中殿跨度不同，交叉拱顶就出现波状的棱线，既不易施工，也不好看。这时候就有聪明的匠师发明了筋拱。就是在砌拱顶的时候，先砌边缘与交接线当作骨架，再以薄石板覆盖。所以在哥特建筑上出现的第一步是"六分拱顶"，就是用筋拱砌成半圆而形成的拱顶。最有名的例子是巴黎圣母院，是六根柱子作为一个单元的拱顶。

在此后略晚，就出现了尖拱。成熟的哥特建筑从仿罗马建筑的圆拱逐渐变成尖拱。尖拱的意义在于将拱顶活泼化。因为圆拱的高度永远是宽度的一半，如果要做一个宽与长不同的拱顶时，就会受到限制。为了解决这样的问题，尖拱慢慢出现，使得高度可以不受宽度控制。于是成了哥特建筑的特色之一。先有了筋拱，然后有了尖拱，使得哥特建筑逐渐热闹了起来。尖拱把半圆形的筋拱从中间断开，分成两段。这样做可以使拱的高与宽不必对半，从而有较大的弹性。这在技术上是比较困难的，一旦掌握了建造的技巧，建筑

· 科隆大教堂

· 巴黎圣母院飞扶

空间就有了很大的弹性,拱顶再回到四分,整个屋顶结构就轻快很多,而且可以建造圆形与梯形拱顶了。

尖拱出现后,屋顶的重量减轻,中殿的宽度可以加大,高度加高,使天主堂出现了崇高的面貌。建筑似乎线条化、轻量化了。在外观上,有骨架结构的感觉,除去了石造建筑的厚重感。特别是在飞扶壁出现之后。

石造拱顶建筑的外推力强大,所以在仿罗马时代,就有厚重的扶壁出现,建筑物越高,扶壁越大。到了哥特建筑的时代,扶壁就变成一排大柱子,自此柱子上砌了半只拱,扶着遥在天际的拱顶。自剖面上看,屋顶由左右两边的半拱扶持,形成稳定的大三角形。所谓飞扶壁,是半拱好像飞离墙面一样,达到扶壁的目的。自外观上,整排的飞扶壁使天主堂如同灯笼看到骨架一样的轻快。彩色玻璃窗如同华丽的灯笼纸。

在法国各市镇竞争教堂高度的年代，以四座著名教堂为例，夏特（Chartres）的中殿为 106 英尺高，到 13 世纪兰斯（Reims）的中殿为 124 英尺，稍晚的亚眠（Amiens）已达 140 英尺，再晚几年的博韦（Beauvais）更高达 157 英尺，但在工程上已是极限，因倾坍而停工，从未完成。

哥特教堂的空间构成

前面所谈的结构体系是教堂的本体，长约八九个柱间。它的前面是面西的门樘，也就是正门。由于法国哥特教堂都是市乡的中心建筑，多面对广场，所以是面对公众的形象。以巴黎圣母院为例，西向正面共三层，横三门，可以画为井字形。地面层的中央是大门，左右另有一间略小的门樘。由于墙壁非常厚，开门时就有一退凹门樘，有层层雕刻。第二层的左右各有一高大的圆栱窗，中间则为一巨型圆窗，由于内架如花朵，俗称玫瑰窗。此一圆窗早期内架简单，称车轮窗，后来又因装饰繁杂，被称为火焰窗，是哥特教堂的代表性标志。第三层已经高过屋顶了，所以是左右对称的两座钟塔。巴黎圣母院的正面，是较早的作品，尚有仿罗马遗风。在美学上无出其右。到了后期，石工过于雕凿，反而有些装饰化了。

西向正面的双塔，法国以平顶者为多，但较早期的夏特大教堂则为尖顶。因建造年代相差数世纪，有两塔不对称的情形，别有一种率性之美。德国的哥特教堂则大多为尖顶。英国此时期之教堂则以中央塔楼为主。

哥特教堂的造型自上面看为拉丁十字形，在接近东端处有南北向

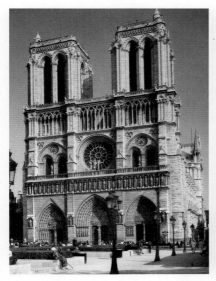

· 巴黎圣母院 · 夏特大教堂

的翼殿，因此南、北各有一门。这是便利城市居民进出所设置的，其门面都相当壮观。在十字形的交叉点是一个小尖塔。在英国与德国，这里是中央塔楼的位置。

翼殿的后面，是东端的半圆形收头，名为 Chevet，可称为环形内殿。这里是主教堂座与圣母、圣子画屏的所在，是较隐秘的集会场所。有时候歌颂上帝的唱诗班也设在这里。一般民众来此礼拜，都集中在中殿大厅里。

在环形内殿的后面是圈成半圆形的几个小礼拜堂，奉祀不同的圣者。这时候的教堂已经是公共建筑了。欧洲中世纪后期基督教所发展出的朝香活动，使教堂中设置一些小礼拜堂，供奉圣者，让朝香客沿

· 西敏寺正面

· 西敏寺翼殿

途经过时礼拜。因此在教堂的边廊形成一个可以自大门环内殿一周的回廊，使朝香客可以在不打扰中殿的情形下参拜一番离去。

英国的哥特教堂自成一格，发展得有声有色，与欧洲大陆有显著的不同。

在整体造型上，前文提起，是以十字形的交点处的塔楼为中心。大体上说，英国是以修道院为教堂之赞助者，即使是大教堂，为民众所用，却仍为僧人修行之所在，有僧院相联结。换言之，英国并没有纯为市民所建的教堂，即使在伦敦为皇家与市民服务的西敏寺，也只是一座寺院。因此没有公共建筑的风采，没有法国式的西向正面。英国的大教堂常常历经数世纪，逐渐加建而成，述说了历代建筑演变的过程，因此常以中世纪建筑概称之。

一般而言，英国哥特建筑的平面组织是复杂的，殿身窄而长，气势不如法国，空间变化较多，有时会有双重翼殿，所以小礼拜堂特多，西敏寺中有些帝王的墓，上有雕刻，在内殿有圣所，是堂中之堂。故其为多功能的教堂，最接近法国式。今天已是观光客所喜爱的场所了。

英国哥特不同于法国之最显著处为拱顶。法国是理性的民族，发展到13世纪的尖拱就停止了。可是英国的匠师不停地发展下去，利用拱筋的原理，把拱顶建造得具有高度装饰性。以西敏寺来说，13世纪建造的翼殿、内殿与边廊，与法国的四分拱顶相同，被称为"早期英国式"。中殿大厅建于14世纪前期，筋成为多数，成束自柱上升到尖顶。也就是此时，拱顶的中线齐平，成为英国的风格。中殿的天花，法国式是小圆顶的联结，英国式则连成一体。此时的英国风格称为"装饰式"。

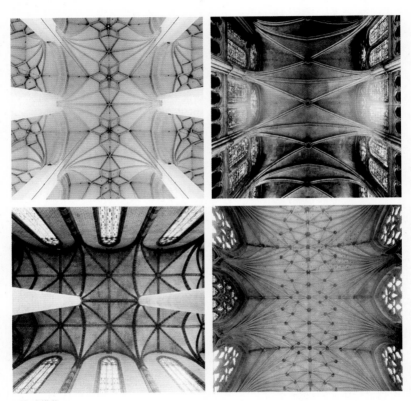

· 各式拱花

· 拼面拱

　　14 世纪后期，英国进一步发明了拼面拱。他们把筋拱当成短件，把中线变为菱形的拱面。到 14 世纪末，拱顶就变成一幅图案画了。这时候，英国人称之为"垂直式"，我不明白此称谓的原因，看上去反而有高度的装饰性，是一朵朵的花所构成的天花。这个时候，正当英国沉醉在天主堂屋顶上的花式构造的时候，欧洲大陆已经进行思想的大革命，近世文明业已发动了。

第六讲

近世文明的曙光

中世纪末期，西方大肆兴筑哥特式教堂时，社会背景是市民文化的开始。早期欧洲教堂都是为圣者、圣母而盖，此后则是缘于市民的宗教观，不再是修道院为了纪念某个圣者而建，由此形成西方文化很重要的基础。

我们常把中世纪末期的13世纪说成"现代世界"，因为此时的西方，开始出现"现代"的观念。什么是现代？现代是一种渐由理性观念主导的时代。因为社会的改变，人跟人的关系不再像中世纪那样，而是发展出个人思考的空间，随之带出西方文艺复兴与城市的商业化。

很难想象，文明的曙光会自意大利中部的一个小城佛罗伦萨发生。以当时的社会来说，很多国家的很多城市都已经开始商业化、市民化，但却缺少一点智慧的火花来发动一种思想的革命。也许中世纪的文化与他们相融得太亲密了，正兴高采烈地发扬基督教的文化。也许因为他们的蛮族人文背景太薄弱了，在文化中依赖基督教太深，缺乏对宗教信仰的反叛力量。

美第奇（Medici）家族自13世纪开始即为佛罗伦萨市市长。他们的公司业务遍及欧洲各大城市，甚至发行货币。佛城的几个大家族，都有商业头脑，宗教的支配力量早已淡化了。商业头脑是现实的，活泼的，清朗的；与宗教的虚无、自省、超越人世的思想方法绝然不同。这是一切回归人类本身的重要因素。

在这人间化的力量之外是意大利半岛所不可能丢弃的古罗马文化。彼特拉克（Petrarch）生于14世纪初，为天主教神父，崇信天主，却自拉丁文认识了古罗马的文化，以人间的眼光看世界，看人生。他终于成为文学家、诗人，开始了人文的思路，并把基督教与人文主义思想加以联结。他诗文中对自然景致的颂赞，对美丽情人的思念，把古

· 文艺复兴时期画家波提切利的《维纳斯的诞生》

典文化中的美重新介绍到世上。

美感是新时代的促生力量。这是因为古罗马留下来的诗文与美术，使逐渐苏醒的意大利人受到感动，他们忽然觉得人世是美丽的。大自然的美景与人体之美就在我们的眼前，这都是上帝的赏赐。而古典时代的艺术家早就颂扬过，并且留下了作品。他们开始对创造美感的艺术家予以极高的敬意。

在中世纪，因为没有美，所以没有艺术，只有技艺（Craft）；只有匠师，没有艺术家。美感回来了，就是人的知觉复活了。人的感性使技艺成为具有丰富内涵的造物，因此艺术家是了不起的，天才的创作，艺术家是值得尊敬的，应有崇高的地位。建筑，在古罗马时代是艺术，因此画家可以兼任建筑家，无须专业训练。有感性的工艺家也可以成为建筑家。后来有人称此时期为文艺复兴。

文艺复兴最大的改变，是开始加入了理性精神，这是美感、艺术、文学主导的时代，个人的力量开始抬头，有名望的历史人物也随之出现。中世纪以前盖了那么多伟大的教堂，但我们不知道谁是建筑师，只知道是一群一群的匠师做起来的；文艺复兴之后，才开始有艺术家以建筑师的身份去盖这些教堂，留下了达·芬奇、米开朗基罗等等人名。从这个时代开始，艺术家的名字先于艺术品了。他们是艺术界的祖师爷，艺术家的天才与判断，自此后才进入建筑设计的领域。

理性的美感

哥特建筑，严格说来，没有在意大利传播开来。标准的哥特教堂，不过一座米兰大教堂而已，连尖拱都没有被充分接受。所以在技艺上说，意大利回到古典并没有太多的阻力，只等在观念上的临门一脚而已。

在美感上，简洁的比例与优美的秩序是其要点，先要丢弃后期哥特的繁饰风格。在意大利这里，仿罗马曾是主流，只要回到真罗马，一切问题就解决了。所不同的是，他们仍然要建教堂。这是一个发现的时代。15世纪初他们在绘画上发现了透视术，使好奇的西方人开始寻找新方法以建立空间秩序。他们找到的是几何的秩序。

佛罗伦萨第一位著名的建筑师是布鲁诺莱斯基（Filippo Brunelleschi）。这位先生是金工出身，有些工程头脑。他帮忙完成了画家瓦萨里（Giorgio Vasari）所无法完成的圣母百花大教堂的大圆顶。这座教堂有些哥特味道，因为它使用筋拱，但却是文艺复兴的第一圆顶，鼓励了新建筑的尝试。这位布先生不但是第一流的工程师，也是有理想的建筑家，他在一座育婴院上恢复了罗马拱廊等的应用，开辟了复古的途径，后来

· 文艺复兴的第一圆顶，圣母百花大教堂。

他设计了一座圣灵大教堂，把几何秩序应用在教堂建筑上，为文艺复兴的典范之作。让我们略加介绍。

这教堂的平面图是拉丁十字，却是简单的几何构成。以方形的柱间为单位，殿身宽四柱间，前殿、翼殿、后殿均同。中殿为边廊的两倍，因此自前至后，内部空间为 8：4：2。整个平面是大小方形的组合。这教堂的墙壁厚重，且均有凹龛，为圣者之龛位。十字形的中央则为主神龛。拱廊下为科林斯柱式，上为平顶天花。整个建筑的内部空间在单一韵律之下，极富和谐之美感。

在这个时代里，建筑家不知不觉都以中心式空间，圆形或希腊十字为理想。这是人文精神的自然反应。一个神的殿堂，其中央是假想的人所处的位置。人与神相会是在圆顶的中央。他们似乎回到古罗马万神庙的时代。所以当时的建筑师，布鲁诺莱斯基就设计了

· 圣灵大教堂外观及内部

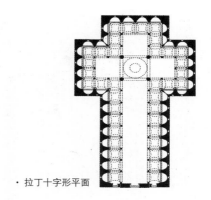

· 拉丁十字形平面

一座圆形的教堂。在文献上可以看到很多名家，包括达·芬奇所设计的圆形教堂，只是大多只停留在纸上，没有实现。原因是教堂的主持者仍然需要礼拜的空间，那就是拉丁十字形的长厅。若干年后，罗马教堂要求米开朗基罗设计圣彼得大教堂的时候，他同样也设计了一个希腊十字，他过世时尚未建筑完成，并不知道最后的结果仍然是一个拉丁十字。

在当时有一个非常"文艺复兴"式的人物，阿尔伯蒂（Alberti），很值得我们注意。他的兴趣与天才极广，既是学者又是诗人，甚至数理、音乐、绘画，无所不能。他最有兴趣的竟然是建筑。在罗马工作时，沉醉在古典的遗迹之中，也写了《建筑十书》，对古典建筑的复兴发挥了很大的作用。他自己的作品则尽量利用古罗马柱范与圆拱的语汇。典型的例子是里米尼（Rimini）的圣方济教堂（Tempio Malatestiano）与佛罗伦萨的鲁塞莱大厦。

他最后一个作品为曼杜亚的圣安德烈教堂。这是一个以中央圆顶为中心的教堂，在前殿，使用罗马式的拱圈与柱范的结合，上面

· 圣安德烈教堂

· 圣彼得修道院中的小庙

是半圆形拱顶。后殿由半圆收头，用柱范等装饰得庄严、美观，秩序井然。这个教堂最有趣的是正面的设计。阿尔伯蒂非常重视正面，使用古罗马母题，以山墙下四柱，中有大圆拱顶为进口。他宁愿把中殿的桶形拱顶露出在大门楼三角顶的上面，造成怪异的感觉，也要保持大门的完整。

文艺复兴时期，建筑之重要者除了教堂之外，是建于市区的富商与权力人士的豪宅。这些人正是新文化的倡导者与赞助者，所以他们的住所就成为新形式建筑的试金石。这种"宫殿"，由于政治一直不稳定，富商们缺乏安全感，所以都有堡垒的性质。厚重的外墙围绕着中庭是其特色。车辆可进入院内。建筑大多为三层，楼层甚高，约有今天的三倍。最典型的豪宅，自美第奇家族开始，都使用粗面的大石块砌成。学习古罗马之处，为三层之石块面材下层较粗壮，向上较细致，拱窗以细柱分为两扇。最上为一厚重之出檐。除了阿尔伯蒂的作品外，表面都没有附壁柱。

可是文艺复兴建筑仍然是教堂的时代。这时候，罗马教皇已逐渐掌握了俗世的权力，同时兼为基督信仰的核心，罗马已成为艺术活动的主要赞助者。由于天下太平，曾远走高飞的大家族都回来定居，使罗马成为世界之都。建设教堂与豪宅都需要艺术品的装点，因此著名的艺术家一时都集中于此。

来到罗马的建筑家中，以布拉曼（Donato Bramante）最有贡献，作过两座最重要的富家豪宅。他是一位画家，来自北意大利，对阿尔伯蒂的圣安德烈教堂作过深刻研究，对透视术有特殊心得。有历史家认为他一定在米兰见过达·芬奇，这位喜欢画建筑图，但没有机会建筑的天才画家、工程师、样样通。达·芬奇的梦想永远是一座向心的圆形教堂，他曾画过一张平面图，是一个希腊十字形，四角多一个方块。布拉曼可能看过这张图，而留下深刻的印象。

可他毕竟是一位非常有创造力的建筑家。到了罗马，立刻吸收了古罗马的设计手法，在小型建筑上崭露头角。在圣彼得修道院中的一座小庙（Tempieto of S.Pietro in Montorio）的设计上，可看出他的大师风采。这座小圆庙完全创新，又完全合乎古典法度，比例优美，下为柱廊上为圆顶，几乎无可挑剔。当16世纪之始，教皇朱留斯二世决定拆除古老的圣彼得教堂，建造一座富丽堂皇的，代表教宗权威的大教堂时，似乎办了一个比图，由布拉曼赢得。今天我们知道，他得奖的作品，其平面与达·芬奇所画非常接近。不幸的是，他的设计虽已奠基（1506），却因教皇过世，新老板决定换建筑师。但经多次修改，仍是以他的设计为基础。

· 圣彼得大教堂

· 圣彼得大殿

· 罗马市政厅

圣彼得教堂频换建筑师，几乎把当时的名家都挂过名了，其故安在？今天推想似乎是拉丁十字形与希腊十字形的拉锯战。也可能是他们一一老去。总之几经改变，米开朗基罗以七十二岁高龄接手，仍然以希腊十字为原则加以精心设计。他只看到圆顶的底部完工就去世了。在他之后又历经三位名师，于17世纪初全部完工，花了整整百年时间。

米开朗基罗是旷世奇才，他不但改了前人设计的古罗马式的圆顶，放大其尺寸，设计了具有古典意味却为近世风格的圆顶，而且以铁链为拉系，创造了曲线典雅的造型，为后世所模仿。他增大了并减化了承重的墙壁与支柱，利用古典柱式，完全以浮雕式附壁饰处理之，兼具安全与形式上的感动力。

米式的想象力已经超出了文艺复兴盛期以古典精神是尚的范畴，进入活用古典母题的时代。有人把这个阶段称为风格派（Mannerism）。他不知不觉地把西方建筑带上一个新的领域。他在佛罗伦萨的劳伦斯图书室里，使用支柱，而又悬空，形式的韵律美感不减。他在圣劳伦佐教堂的美第奇墓室里，使用两种尺寸的柱式，组织成生动的画面，

· 维琴察的 Palazzo Chiericati　　· 维琴察的圆厅别墅

以古典母题当成面饰材料，作为他的伟大雕刻作品的背景。到后来，他把这些语汇使用到罗马的市政厅上。

市政厅为公用建筑的组合。自大梯阶到达广场，中央为奥里留斯的雕像。正面是三层的参议院；右左为对称的两厢，音乐厅与图书馆，相当于今天的文化中心，但建筑外观却是统一的，均为二层。米式在这里创造了比例与秩序的美感典范。柯布西耶曾用它作为比例基准的例子。其实两厢的建筑在比例的韵律上更为明显，可用为建筑美感的范例。在建筑史上，它开了柱高两层的先河，使建筑表面似为两个不同的结构尺度的组合。有人把米式视为巴洛克建筑的创始者即因此故。

为篇幅所限，我们在此简单介绍另一位具有庞大影响力的建筑师：北意大利的派拉迪欧（Andrea Palladio）。这位先生活跃在威尼斯附近的维琴察（Vicenza），主要的作品都是豪宅。比较著名的一在城内，Palazzo Chiericati；一在市外，圆厅别墅（Villa Rotonda）。都是活用古罗马语汇的作品，影响深远。

这两座建筑一方一圆，各具特色。圆厅比较著名，是中央为圆顶

· 维琴察的长厅

的希腊十字形建筑。本体是二层方形，四向均有庙宇式的门廊向庭园开放，为六柱爱奥尼柱式。比例匀称，典雅而庄重，为英国贵族所喜爱。这是把教堂的观念用在居住建筑上的一例。至于矩形的市内建筑，则为两层的柱廊面对院落，其特点在于十一柱间的中央五柱间呈表面的突出，以双柱为区隔。在上层，中央五柱间封闭置窗，造成空间的层次感，突出建筑的精致感。屋檐之上，每柱都有一雕像，也是公共建筑手法运用于私宅之一例。同样的，此宅正面比例优美、典雅，细部处理精巧，为后世之重要参考与学习之对象。

　　派氏设计的公共建筑颇闻名的是维琴察的长厅。这原是一个中世纪未完成的建筑，到了16世纪经比图而得。这是底层为交叉拱顶，上层为大厅的构造，派氏完成的方式是在四周建造一个两层的回廊，面对市区及广场。他设计的立面是以柱式的开间为框架，开间内做拱圈，圈下以双细柱承之。这样的组合被后世所沿用，称之为派氏母题，随文艺复兴建筑之传播遍及全世界。

东方文人的世界

当欧洲人文主义的风气吹散了沉迷的宗教信仰，建立了人文世界的同时，中国进入专制帝权高涨的明代。在宋代，虽然也是专制体制，帝王对文人有一定的尊重，他们自己通常也喜爱艺文，所以文人与政府保持一定的互相尊重的关系。到了元代，为了巩固统治，才有对文人的疏离，使文人对政府的统治力量产生失望与冷淡的态度。文人协助治国的观念渐渐淡化，而有隐居山林、优游自在的生活态度。这是中国绘画在元代产生四大家的原因，也是中国文化重心逐渐南移的理由。

元四大家，黄公望、吴镇、倪瓒、王蒙，是文人画的开拓者，他们以笔墨任意挥洒，寻求生命中的逸气，为后世的文人开拓了精神领域。自此而后，读书人就不必立志为官了。很巧的是，明代立国，原是民族革命，但帝王为流氓，压制文人的地位，过分依赖宦官，堪称最腐败的专制王朝。文人不得不承续元代文人的立场，在政府之外经营自己的生活。

在此政治氛围下，建筑正式有了官方的严格制度，以维护帝王的威仪。经过宋元几百年的演变，官方建筑有下列的改变，完成今天我们所熟知的宫殿式。清初承之，乃有梁思成所完成的《清式营造则例》。

第一，建筑的屋顶形式制度化。庑殿与歇山顶（四落水与九脊殿）为官家专用，民间只能用两面坡的硬山顶。悬山顶也少见了。顶上的装饰也有严格的制度。

第二，建筑的色彩制度化。琉璃瓦带色者只有皇家可用，黄为尊，绿次之。民间只可用灰色的板瓦。彩色的木结构有严格的制度，按《则例》规定。包括红色的柱子，民间均不准用，只能用原木。寺庙由官家特许者不在此限。

第三，建筑的木结构，特别是斗栱系统，民间不能采用。斗栱的尺寸已大幅缩小，加入彩画，已完全装饰化，在屋檐下形成饰带，已经看不清其细节了。宫廷建筑的整体造型，由于柱列以红色为原则，与阑额之间增加了雀替，可以很明显地分为黄色屋顶、斗栱饰带、柱列三层，矗立于高高的白石阶之上。木构的形式感完全消失。

第四，自宫廷到民间，建筑的配置完全以合院为原则，中轴上的房屋为尊。民宅之大小以合院之进深为量度，平民为单一合院。地位高者围墙高，院落深。

明代官式的建筑一直持续下去到清代，实因清人为满族，以少数民族入主中原，故能保有明代皇宫之故。若依古代中国的习惯，灭其国者要焚其宫殿，清代建筑可能另起炉灶。今天所保存的就是象征权势与地位的僵硬形式。

士大夫的生活环境观

前文提到，明代以来，继元代的政治气氛，读书人已经不可能以读圣贤书为国家服务为职志了。他们读了书，只有寻找自己的生命价值。一条路子是学富家子弟游戏人生，出入诗文与青楼之间，与唐伯虎一样。另一条路子是做真正文人，遁迹山林，以诗文书画度过一生。这都是在江南成为全国文化重心以后的事，因为只有江南才有此环境条件。这些文人真正有条件学佛道人士远离尘嚣吗？事实上是不可能的，

·《拙政园图咏》

· 留园

他们所能做到的只是"隐于市"而已。

中国的山林思想起始于南北朝,一个山水诗、山水画发生的年代。陶渊明从此成为文人的典范。但弃官就农的田园生活只是一种理想,山林就逐渐变成城内的园林。中国的园林艺术在唐代以前是自然风景的充分利用。士大夫以其经济条件,选择良好景观之处建屋居住,所以"园"的规模是很大的,王维的辋川就是很好的例子,因此是很不实际的。到了明代,江南一带的士人得到优越的环境条件,开始在街巷中建宅,宅后建园,建造进可入仕、退可养生,可攻可守的居住根据地。

有钱一点,便在房子后面盖个后花园,文人自己是建筑师,找匠人来帮他盖。用院子假想自己是住在山里头,悠游山林,其实根本没有离开家。这就是江南文化。

可想而知,在宅后建园再大也是有限的。所谓山林,或称泉石,原是指大自然中的景色,如何收纳在有限的空间中呢?这是要靠文人的想象力来完成的。所以园林艺术与诗画无法分割,设计者就是园子

· 拙政园

的主人。这样的园林是自然景色的缩小，主要的建设是亭台楼阁，也就是游乐性的建筑。明末的计成所著《园冶》一书，主要的内容就是园林的建筑，只有最后一章的选石与因借，才与今天所指的园林有关。可知当时的园林实际就是主人隐居之所。

为什么以石为主，没有谈林呢？那是因为石是想象中的山。自从发现太湖石这种奇巧的、经冲蚀成多孔的石灰岩，中国文人就迷上了奇石，把它放在园林中，视为主角。宋徽宗建艮岳，为了自江南运石回东京，几为亡国之乱源。到了江南时代，大型湖石大概采光了，庭院缩小了，就在院墙之内开始堆石为山，再加上水池，就以石水相配而成园。亭台之属就成为园中之景点了。

今天我们已看不到明代的园林了。我们知道他们不谈花木的原因，正是因为植物是不能控制的。造园之时，新植林木不够茂盛，若干年后，树木过盛，毁掉小园景色。园林艺术家只能把树木排除园外。今天看到的园林还有一点过去的影子，实在是因为石为耐久的材料之故。明末计成所批评的堆石过甚的例子，如狮子林，至今并没有改变。园林就沦落为游戏了。

文人之园的空间组成大体有两种。一为观赏型，即自厅堂中坐赏户外，堂前石砌地面，后为水池、假山，以院墙为背景，构成画面。二为游赏型，即在较大院落中，建造回廊，依院墙曲折而行，空间多变化，自不同的视角与山石、水池之景致相会。这两种类型反映了文人生活与园景的关系。

江南文人的生活观，反映在诗文与园林中，到了清代，连帝王也着迷。康熙与乾隆数下江南，醉心于文人世界，因此才有北京的宫廷园林建设。可是宫廷气魄大，以真正的自然风景为尺度，与文人园林是无从比拟的。但皇家并不以此为满足，所以才有宫中或北海公园里，以湖石堆积而成的江南式园林。

第七讲

王权巩固后的世界

当西方世界开始出现现代社会的雏形时，以"人"为主的文艺复兴也随之出现。过去讲到人，就说是上帝创造的，所有的一切归功上帝，但自此发生转变。在现代文明到来之前，东方是领先西方的，之后他们一路领先，东方却停滞不前，两方的知识分子的心情也随之改变。东方开始出现反省，出现类西方的理性思想，但并未进一步发展；建筑上则是出现了园林建筑。

西方对文艺复兴与该时期的建筑演变归纳有两种看法，英国系统认为一直到现代21世纪以前，都还是叫作文艺复兴；德国系统则认为文艺复兴到了17世纪中叶之后就结束了，建筑也随之不同。

这个时代有个很重要的特点：东西建筑在18世纪开始出现交会与相互影响。在这之前，西方文化的力量已经可以建立东西双方的交通路线，18世纪时，西方社会已经明确知道有中国文化，以一种尊重的方式进行研究，东方建筑的装饰与特色，也开始影响西方。而西方国家的传教士们，大多数对建筑都很有见地与修养，当他们来到东方，虽是传教，却也把西方建筑跟着一起带来。

因此，17世纪以后，全世界进入一个新阶段。

中国在腐败的明代之后进入了为异族所统治、政治却比较开明的清代。中国易服之后，专制王朝稳固，读书人再度以较正常的态度参与科举，回到政府服务，但在文化的本质上没有什么改变。

一般说来，官方指导下的文化是生硬的、制度化的，因此产生迟滞的现象。国力强盛，疆域扩大，但无助于文明的进步。西方的文明已迈出第一步，其效果也在此时经由耶稣会教士传来中国，甚至感动了清朝的皇帝，却因难以为保守的士大夫阶级所接受，未能受到正面的影响。不知不觉间，中国就在西方的船坚炮利的压迫下，成为可怜的落后国家了。

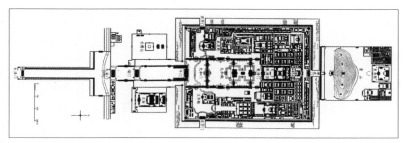

· 清代北京宫城配置图

　　自明代开始，皇家建城遵照《周礼·考工记》上的制度，说明读书人的知识如何为不读书的皇帝服务。《考工记》上说："匠人营国，方九里，旁三门，国中九经九纬，经涂九轨，左祖右社，面朝后市，市朝一夫。"这几句话很难建构出都城的计划，可是"旁三门"，"左祖右社"，"面朝后市"，是容易了解的。整个说来，把皇城安置在中间，尽量拉长主轴，夸大其尺度，以空间来强化统治的权威，是这个时代建城的主要目的。

　　中国古代即在都城中建面南的宫城，宫殿坐北朝南，主轴向南延展到宫城的城门。宫城外的主轴为官衙集中的大街，再南即为外城门。其他空间为民间居住的坊里。这种丁字形的都城，自魏晋以来一直为后代承续着。一般说来，宫城内固然有清楚的主轴，宫城外的主轴只是一条大路而已。

　　比如在隋唐洛阳城，宫城偏于一隅，主轴到广天门，过了门外为洛水，过了桥就是一般民间坊里的大道。元代新辟北平为大都，其宫殿与宫城约略与明清同，但主要的民居都在宫殿之后，面南之主轴到丽正门为止。到了明清，中轴线向南北延展。向北，越过景山，到钟鼓楼；向南，过正阳门，直到永定门，两边是天坛与先农坛，拉长了一倍有余。

宫城中的建筑

大家都知道，北京的宫城中有三大殿，分别是太和、中和、保和殿。太和殿为正殿，要自天安门进去。约 200 米为端门，北向约 400 米是午门，也就是宫门。午门之内过金水河、太和门，进入宫院到太和殿，也接近 400 米。

三大殿建在一个台子上，长约 200 米。三大殿之后是皇家的居住区，中轴线是内朝三殿：乾清宫、交泰殿、坤宁宫。在一个长逾 200 米、宽逾 100 米的院子里，它的正门是乾清门。内三殿之后就是御花园，自神武门北到景山。在宫城中轴的太和门左右，分别是文华殿与武英殿，属于图书馆、博物馆性质的建筑。在午门外左右各有一组建筑为太庙与社稷坛，应合《考工记》上"左祖右社"的话。天安门向南到大清门约 700 米，只是为中轴增加气势，有所谓千步廊切断了城左右的交通。这部分现已被拆除，变成天安门广场前纪念性建筑的所在地了。

清代，北京宫城并没有大举改建，皇帝就有财力与时间在这样刻板的宫殿内寻找生活情趣，因此清宫是装饰艺术的创造者，相当于西方的洛可可风。从建筑的观点看，明清以后中国建筑已经变得非常生硬，是制度，不再是创造。怎么盖、用什么材质，都是制度，所以一看就知道这座建筑物的功能与意义。

宫殿外面造型很简单，里面装饰很华丽。宫殿中间是金装的柱子，金装上面有刻饰，其他则是红柱。金柱跟红柱都是民间不可以用的。

· 太和殿内景

所有梁柱上面的花纹全部都是雕刻的，但这些花纹都有一定规矩，没有创造可言。皇家宫殿自有御用工人，熟知建筑雕饰种种规定；官与民互不通用。

清代的装饰风格

清代宫殿在建筑制度上非常严格，所以外观庄重，富皇家气势，但缺少艺术的活泼性。清宫的情趣表现在两方面：室内陈设，及饰品工艺。

室内的空间是由建筑包被而成，所以受建筑支配。清宫室内有彩画，视建筑的位分定其繁简，但多以繁琐的装饰为美。太和殿中轴柱为金色，有盘龙纹饰，柱上之梁枋与藻井天花，为细密之彩画与斗栱布满，极尽华丽之能事。保和殿内御座上之背板亦多金饰，衬出华贵之气象。整体予人之印象，是以陈设与彩绘的华丽装饰表达皇家的威权。

在居住的殿宇中，此种装饰性特别明显。主要是表现在隔屏上。由于中国建筑的室内过分高大，在尺度上不适合居住，经营一个舒适

· 储秀宫内景

的住所，必须于室内建室。举例说，中国式床就像一个小房间一样，用隔屏、帘帐与周围分开。富有的人家，尤其是皇家，就请人在隔屏上精工雕凿，营造华美的居住环境。这种隔屏之大者为隔间壁，小者为屏风，前者开口多用优美之曲线勾边，中间的花样类多花格或花鸟饰，使用的木材均为珍稀楠木。

花格自然成为清代建筑的焦点，以窗上的花格最为盛行。中国古代以来，因无玻璃，窗子贴纸以采光，因此窗扇上需要格条。古人朴质，格条多为直条。到宋代始在绘画上看到民宅使用方格。到了清代，官方建筑则因使用洋人的玻璃，只在周边镶以花边。使用玻璃之前则用千篇一律的官式花窗。

花格窗则流行于江南。李渔在《闲情偶寄》一书中提到"窗栏"的设计，有纵横格、欹斜格与屈曲体三类，属于艺术家造园时的特殊

·花格窗

·纵横格窗栏

·屈曲体窗栏

设计，是少见的。之所以如此雕琢室内，也是因为政府没有明文规定，得以自由发展。江南民间的窗格花样，自园林中富于变化的设计，到住宅中细密的、习惯性的设计，都是建筑中吸引目光的焦点。每个地区都自有一套发展，每一家的匠人都自有其图案设计，既有变化又有趣味。把建筑交给匠人后，主人便只有在花格上寄托其创造思维了。

花格扇的精神又引申到室内摆设，特别是家具上。在建筑上，清承明式，但在家具上却有基本的改变，所以家具较建筑更能表达时代的文化精神。

回顾历史，明代家具延续了早期的式样，几乎没有改变。简单地说，是以细圆木构成的轻快简洁素雅的造型，以轻微的曲线呼应身体的姿势，非常合乎现代家具设计的理论，所以"明代家具"颇为外国人所赞扬。这种家具虽有定式，但在经济富裕的地区，设计是很活泼的。明代的江南是家具大本营，而且使用了进口的昂贵木材，深色的紫檀与淡色的黄花梨，都保留其木纹的美感，特别为外国人所喜爱。流行的式样以圈椅、官帽椅、条桌、橱柜等为主。在北方的山西，富裕的市镇也在家具形式上多有创造，但因使用当地木材，只好用黑漆漆之，使家中以严肃的黑调为主。

· 圈椅　　　　　　· 官帽椅　　　　　　· 清式椅

　　清代家具的风格，对比于明式，富于装饰意味，少于功能思考。变化最明显的是桌椅。座椅倾向于直线条代替曲线，以雕花格代替功能思考。使用曲线时，不用在背靠与臂搁，反而用在纯装饰味的桌腿上。其目的在于视觉感官的愉快，而非适用性。清代的桌椅在板面之下多了束腰，因此在板面与腿之间增加了繁简不等的线脚；腿与腿间又加了饰条，亦增就富贵华丽之感。可想而知，这样的家具，淡色的木材是不适宜的，故清代以使用黑檀与深色的红木为主，鸡翅木等也甚通用。一般说来，清代官方的室内与其家具比较相配。普通民宅则较适用明代家具，故明式一直在江南通用。

　　除家具外，清代室内常有装饰性器物，增加室内空间之女性意味，主要的器物为瓷器。皇室则更有铜胎珐琅器，称景泰蓝。众所周知，中国自宋代以来即以瓷器为重要器物，皇室大力介入，提升其艺术品质。宋代以单色釉为多，造型简洁典雅，明代以后乃以青花器为主，器型渐多变化，中叶后虽出现彩色，但仍以青花为底色，属素雅型。清代初期，西方彩釉技术回传，逐渐自五彩发展出可以随意调色的珐琅彩。西方写实画的技巧东来后，在瓷器上烧制装饰富丽、具有吉祥涵义的绘画，已可完全掌握。重要的作品仍限于宫中使用，但风气逐渐传入民间，中叶以后，彩瓷成为家家户户都可拥有的装饰品，完全为装饰烧制，尤其是较大型的器物，与家具相配陈设，成为风气，直到民国之后。

富贵之家，除瓷器之外，尚有收藏古物之习惯。在乾隆皇帝领导下，古文物，铜器、玉器等高古到汉唐出土者，为文人所品赏或仿制，作为家中陈设物，增加典雅气息，慢慢成为居住环境中不可或缺的一部分。

天主教国家的巴洛克

罗马的建筑在 15 世纪之后，文艺复兴精神确立，很快就变质了。因为理性精神是文艺复兴的骨架，古希腊与罗马的形式则是外衣。但这是罗马天主教的时代，当教会态度改变时，一切都改变了。教皇原本是支持人文主义理想的，教会的价值与权柄可以建立在人文主义上。但如果教会与理性间发生价值观的冲突，问题就出现了。

16 世纪时，马丁·路德开始对教会的正当性提出质疑，宗教改革的风潮兴起，天主教世界面临倾塌危机。不久后，教会感觉到内部改革的需要，必须加强自律，对教职人员强化教育，以坚定内部的信心，对抗新教的扩散。他们因此召集会议讨论因应之道。讨论是很难有结论的。对美术与音乐都有不同意见，最后不了了之。但是在巩固信仰方面，由于教团的出现而大有进步。其结果是提高了信徒们感情上的投入，使宗教信仰成为一种力量，甚至演为反抗理性的波涛，影响社会的发展方向。当然对艺术的理念形成截然不同的观点。

· 圣安德烈堂外观及内景

  因此欧洲在 17 世纪之后，大致可以分为天主教文化区与新教文化区。以意大利为中心的天主教会，沿地中海岸到西班牙与葡萄牙，向上经瑞士到德国南部、奥地利与匈牙利。法国则因夹杂新教信仰，与英国、德国同属改革派。天主教区因民众的诚信而产生完全不同的艺术氛围，为史家称为巴洛克时代。很有趣的是，这个阶段也是科学得到长足发展的时代。

  巴洛克建筑发生于罗马。米开朗基罗虽开风气之先，最著名的两位大师还是贝尼尼（Giovanni Lorenzo Bernini）与波洛米尼（Francesco Boromini）。巴洛克建筑之精神就是抛弃了静态的、理性的形式观，追求动态的、感性的形式与空间。文艺复兴推翻中世纪，以人为中心立论，到巴洛克再次恢复以神为中心的信仰。15 世纪的建筑师喜欢圆形或方

· 四泉街口的圣卡洛堂外观及内景

形，把人放在中心去构思空间，到 17 世纪，建筑师改采椭圆形，把神的不可捉摸性重新找回来。

在结构上，15 世纪喜欢古典时代的柱梁分明，结构的系统与空间的组成相互间的逻辑关系，是理性思考的结果。艺术，绘画与雕塑再恰如其分地附着在结构体上。可是巴洛克时代所重视的动态形式的视觉效果，不再考虑与结构系统的配合。相反的，结构只是潜在的为动态形式服务的技术而已。柱梁系统完全变成装饰了。

在罗马有两个小教堂，一为 16 世纪末的威格努拉（Vignola）的圣安娜堂；一为 17 世纪中贝尼尼的圣安德烈堂。两者皆为椭圆形，前者以长轴为中轴，后者以短轴为中轴，这两种形式被大家援用。特别是后者，在结构上是一个 5.5 米厚的椭圆形墙壁，支承着椭圆顶。墙壁则由退凹神龛减轻重量，形成动态的室内空间。

最有特色的巴洛克教堂是 17 世纪波洛米尼所建的"四泉街口的圣卡洛堂"。教堂很小，仅长 80 英尺、宽 50 英尺，但在空间上打破了椭圆形，改为更有动态的波浪形。不但在室内空间感受到柱列的波动，在面街的正面，也好像一个波状的牌楼，退凹处都是雕像，艺术品与建筑交织融合在一起，完全摆脱了结构体的有机关系。

看平面图，可以感觉到波洛米尼随意割切空间。在主殿之外的四角，如同洞穴样的小礼拜堂隐身于后。在正面大门的一侧是面对街头的四泉之一及其雕像，完全没有考虑到与教堂本体的合理关系。

德奥的巴洛克建筑

在阿尔卑斯山以北的德国与奥国，是巴洛克建筑的大本营，时间已是 18 世纪。德国是巴洛克音乐的故乡，巴赫的音乐几乎征服了全世界；建筑与音乐是相配的。我们举两个例子介绍在帝王庇护下的重要建筑，事实上此一时期的德、奥建筑最具有巴洛克的精神。

第一个例子是德国南部的"十四圣者堂"（Vierzehnheiligen），为当时最重要的建筑师纽曼（Johann Balthasar Neumann）所设计。这是一个大型朝香教堂，独自矗立在山中。整个是轻快的白色与粉红色的外观；大家要知道，此时已进入巴洛克后期的洛可可时代了。后者已升华为细巧的、轻快的、游戏性的境界，脱离了早先的宗教信仰的沉迷。换言之，此时已经物欲化了，唯美化了，也就是大众化了。文艺复兴与早期巴洛克是不容易为民众所欣赏与了解的。

这是一个复杂的、想象力的表现，有些近似当代建筑，颇不易理解。

· 十四圣者堂内部空间

· 茨温格宫

自拱顶看，空间秩序是清晰的。拱顶的装饰最嫌繁杂，但其空间是拉丁十字形，由三个椭圆形成长轴，两个圆形成短轴。波状立面两侧各有一方形铁塔，虽较早期教堂复杂，倒也清楚明白。可是看到其平面图，其空间组成就很难理解了。

祭坛放在中殿的椭圆形里，却出现一个以祭坛为顶端的另一个拉丁十字，使殿内空间呈现难以理解的动感。你回首观望，不知主要方向在哪里。而室内的壁面上满布着美丽的火焰式的纹样，团拥着十四圣者的祭坛。处处都是姿态优雅的天使雕刻纠结在珊瑚礁样的曲线形中，天花上是云端的景象，华丽而通俗，充满了戏剧性。

巴洛克就是戏剧，是幻觉的创造。这与哥特教堂是全不相同的，与宫殿颇为相近。在巴洛克教堂里，空间的连续性没有了。走进去，它没有要你向前看的意思，而是要你东张西望，创造一个虚幻的环境，让你惊叹。它们用的柱子不是白大理石，而是有纹路的花大理石。它们不想冷场，希望每个地方都是热热闹闹的，所以四处都不断地点缀雕塑跟绘画。

宫殿的例子是德累斯顿皇宫中的茨温格宫（Zwinger），建筑师是珀佩尔曼（Matthäus Daniel Pöppelmann）。他所设计的两层门廊的装饰无与伦比，因无功能限制，乃极尽怪诞之能事。表面的柱梁拱门等与雕饰结合在一起，然而比例的控制良好，外观极为优雅，为曲线形的构成。

茨温格宫这件作品毫无凡俗粗陋之感，可知创造的想象力在能者的手上，仍然可能有值得称赏的作品。在"二次大战"时，美军轰炸德累斯顿几沦为平地，却有意躲过茨温格宫，它至今仍完善地矗立着。

宏大与细巧的结合

以英、法为代表的西欧，在强力的国王的领导下，国势强盛，海运渐通，渐渐有领导世界之势。但在建筑与艺术上，17世纪时期只是逐渐学习意大利文艺复兴之成果。这些国王发现意大利在建筑上的改变很适合他们的口味，因为在教会至上的传统下，他们是无法表现其俗世的权势的。因此他们自意大利请来设计师，利用当地哥特时代训练所传出来的工匠，磨合为当地的文艺复兴风格。也许可以称之为简洁的巴洛克建筑。

这样的建筑当然以宫殿为主，教堂为副。如法国的卢浮宫与凡尔赛宫，英国的布兰亨宫，都有一个庄严、面街的正面供民众瞻仰，有一个面对园林的，无尽的轴线，供游园者游目骋怀。所以历史家曾把此时的空间观定为无限，并把它与当时欧洲人热衷于全球探险、开拓视野的空间观，视为同一源头。这种无限空间观，是把建筑与园景结合为一，进而融入大自然环境中。建筑的计划，在富丽的正

· 卢浮宫

· 布兰亨宫

面之后，是无数的房间，间以院落，形成对称的古典外观的组合。然后是向后延伸，如同伸出两臂，以便拥抱自然，遥望无尽的远处。所以是前阖后开的。为了与建筑相搭配，法国的园景是采几何形，把花木剪为建筑的形式，作为建筑到自然的过渡，同时满足秩序美感的需求。

这样的空间规划观念成为往后二百年间欧洲宫殿的典范，以满足帝王"朕即天下"的幻觉。甚至用在初立国的民主美国，以显现人民的伟大。但仍以巴黎与维也纳的王宫较具体地表现出这样的理想。今天我们在卢浮宫所看到的贝聿铭玻璃金字塔，盖在两臂伸出的后院里，作为新的进口，破坏了原有的精神。你再也不会自东向正面进去，经过主要的院落，出到后院，向西遥望无尽的轴线，感受到一直连到协和广场的气势了。

洛可可虽然是德国巴洛克的产物，但其精神是在法国发扬开来的。它是沙龙（Salon）的产物，所谓沙龙就是小房间，是贵族仕女们经营的精巧生活空间。美观、精细、巧妙是她们所追求的品质。在当时，贵族男性以追求温柔的女性为生活趣味，以沙龙为活动空间，也成为世界性风气，宫室之内使用粉红色与曲线的装饰，加上使用古典母题，纤巧而重视舒服功能的家具，到今天仍为有钱人家所模仿。

洛可可的室内，以凡尔赛宫为例，大概可以几点来说明：

一、色彩是粉色为底，粉红与粉蓝，以金色为装饰，红色的帷幕，呈现富丽华贵的气象。

二、装饰的纹样以花草图案化为主，以各种曲线缠结组成，似乎以繁饰为原则。墙面或以柱式，或以直条分割为架构，纹样则以强化此分割面为目的。

· 美泉宫内景

三、中间以玻璃吊灯为主角，重要的房间墙上镶以大片玻璃，以蛇形曲线装饰收边，以扩大视野，增加虚幻感。有些宫殿设有全玻璃的墙面。

四、重要房间天花上有绘画，在适当的位置悬挂画像。开始使用壁纸以线脚勾边的装饰。地面使用地毯，自东方来的地毯开始改变室内空间的面貌。地板亦有花样设计。

五、这时候中国的瓷器以高贵的地位进入欧洲宫室，成为洛可可室内的一部分。

圆顶的发展

在17、18世纪，巴洛克建筑的盛期，法国与英国的教堂历经近二百年的演变，发展出后世视为高贵造型的圆顶教堂。圆顶当然是来自罗马的圣彼得教堂。传到法国后，受到哥特建筑的影响，圆顶下部

· 圣彼得大教堂的圆顶

· 圣保罗大教堂的圆顶

的箍（Drum）大幅提高，使圆顶高塔化，教堂建筑之造型因而改变。

　　法国早期的教堂为巴黎大学教堂，圆顶已经成型，但其正面为巴洛克式两层柱式与山墙的组合，由于圆顶不够高，山墙成为正面的主题。后期发展的方向，主要是圆顶提高，山墙降低，使两者达到平衡、和谐的关系。

　　到了18世纪初，曼萨德设计的圣路易堂就大力提高了圆顶，却把上层的山墙缩小，形成一个圆顶主导的形式，富于古典的权衡的美感。

　　约在同时，伦敦的伦爵士，为伦敦设计了著名的圣保罗教堂，被称为世上最美观的圆顶。他的设计构想与曼萨德近似，同样是提高圆顶，缩小正面的山墙。他更进一步把圆顶与山墙间的圆箍加以扩大，成为视觉焦点。圆箍原是提高圆顶高度之用，但容易增加结构的不稳定感。虽然此时期的圆顶外推力都学米开朗基罗，乃以铁链拉系，使之安定，但视觉上的稳定与美感有关。伦爵士是一位科学家，他把圣保罗的圆

· 群贤堂

箍直径加大，外缘用柱列加以装饰，同时兼有稳定结构与增加韵律美
感的作用。

　　自此之后，圣保罗的圆顶就成为各国学习的典范了。法国巴黎的
群贤堂与美国的国会大厦，都是摹仿圣保罗而来。神圣建筑的凡俗化
也是这一时期的主要时代风潮吧！

　　巴黎 18 世纪中叶所建的群贤堂是圆顶建筑最成熟的作品。圆顶下
的环形柱廊加大，正面的山墙与柱列也恢复其应有的尺寸，但各部分配
合良好，比例极为匀称。立于广场之上，成为四条街道上最美丽的端景。

第八讲 | 现代世界的来临

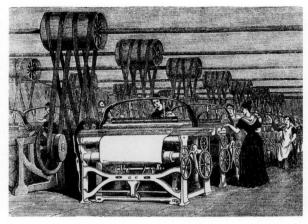

· 蒸汽机驱动纺织机

　　18 世纪中叶以后，世界进入另一个阶段，那就是英国带领西方开始了工业革命。这时候的中国是乾隆皇帝陶醉在文物、绘画世界的清代盛期，却与这样重要的历史大业无缘相识，直到工业革命带来的新欧洲，船坚而炮利，一百年后，跨海前来，敲开中国的大门。

　　由于封建制度的瓦解，传统农产经济解体，帝国主义殖民海外，全球贸易开始，专利权的实施鼓励创新，在生产的动力上终于在此时发明了蒸汽机。嗣后的一个世纪，以纺织业为首的各种工业逐渐出现，火车已代替马车作为长途旅行的工具，机器印刷品也普及于城市社会。西方世界在精神上已经改变了，然而奇怪的是，建筑反而趋于保守。

　　在 18、19 世纪之交，出现了古建筑的复制观念，其后则出现一连串的复古运动，自复古典、复中世纪、复文艺复兴，甚至有巴洛克的复兴，直到 19 世纪末。领导这种复古运动的正是与皇室直接有关的建筑。在法国，以美术学院领军，并把这种风潮传播到全世界，直到 20 世纪初。

我国建筑现代化的第一步，出国留学生到西方学到的，正是学院派的折衷主义建筑，也就是复古主义的大混合。

复古主义的大融合

很显然，这是工业革命初期在文化、艺术界的反动。由于思想上的理性主义与工业上的机械化的丑恶，使知识分子对现实世界产生厌恶之感，发而为往昔文明的怀念，如同我们今天所强调的乡土情怀，都是一种浪漫主义的表现。这种浪漫的想象呈现在建筑上，一方面是古典复兴，一方面是园林的诗情画意。最浪漫的莫过于古建废墟与花园的结合。伦敦的皇家植物园（Kew Garden）是很好的例子。异域情怀也包容在内了。但是严肃的艺术家仍然愿意回到希腊与哥特，去寻找美学的真谛，丢掉 18 世纪洛可可的歪风与轻率。

工业革命怎么影响到建筑

最早是在工厂上使用铁材，以铸铁做成构件。这是不劳建筑匠师的，只要工程师就可以了。再进一步，就使用在服务市民的商用建筑，如市场上。这就需要建筑师的参与了，因为市民对美感有一定的要求。建筑原本是用砖石砌造的，换上铁材，省工省时，要美观，却必须回头到石建筑中去找，那就是古典的柱梁美学与中古的拱顶美学。这需要一点时间才能开发新材料美学出来。

到 19 世纪末，铸铁的应用已经逐渐成熟了。连纽约老市区的楼房都广泛地使用铸铁构件装饰正面，建造棚架。巴黎的塞纳河上可以

· 法国大皇宫

看到美丽的铸铁桥梁，兼有现代的轻快与古典的美感。在巴黎国际博览会上，建筑广泛地应用铸铁的构件，并与学院派的建筑外观相结合。法国著名的大皇宫就是很好的例子。

纯用铸铁建造的公共建筑，最早而最有名的是 1851 年英国伦敦的水晶宫。这是最早的玻璃铁架建筑，是大拱圈所构成，一时传诵。其灵感来自花园中温室的经验。西方人热爱兴建植物园，这是征服南半球得到的概念。但他们发现在英国无法将南方的植物培养起来，除非能够保温，于是温室应运而生。

约在同时，一位历史家，罗斯金（John Ruskin），感觉到建筑的社会性，回到古典不是办法，利用机器也不是办法，要找到建筑的真实，结合美学与社会因素。他是以中古的工艺成就为理想的。中古的匠师是把工作与生活视为一体，使信仰与美学自然相融，确为有机的建筑历程。罗斯金的观念为莫里斯所推动实现，被称为工艺运动（Art & Craft Movement），且自建筑推广到生活设计的层面，一时影响甚广。但是在思想上很成熟的理论，却用来抵抗时代的潮流，反对机械的介

· 水晶宫历史图

入与生产的原则，长远地说是不可能成功的。这一点，要等待现代建筑运动的来临了。

美国的有机建筑运动

欧洲的建筑正处于学院派与钢铁技巧分分合合，在埃菲尔铁塔的阴影下踌躇不前的时候，美国的中西部却出现了一股清流。19 世纪末，芝加哥有一位沙利文（Louis H. Sullivan）先生，仍然在学院形式的影响下，开辟了新的天地。

因为在美国，他们必须面对新时代的都市生活，解决新的问题。芝加哥是第一个生活在高楼中的城市，他们需要百货公司供高密度的市民利用。沙利文等一方面要把学院派习惯的语言使用在高层建筑上，一方面要考虑到应用上的便利，与欧洲的纯形式主义就因而脱钩了。他发明了一个影响嗣后建筑界最重要的观念，那就是"形式从属机能"（Form Follows Function）。

· 沙利文作品：（左）克劳兹音乐店；（右）温莱特大楼。

　　自文艺复兴以来，建筑师只关心建筑的外观，因为功能是简单的，形式的象征意义比较重要，建筑之价值在于美观又合乎身份地位的架势。进入城市生活之后，功能开始复杂化了。美国在现代化生活上较为领先，机能主义思想发生于此是理所当然的。机能是实在的，是随生活之需要而不断改变，这种思想使得建筑随时随地而有不同变化，因此每一栋建筑都有自己独立的生命，不再是同一外表的复制，因此也不再只是阶级的产物。

　　美国文化的另一个特色是自然主义。美国地大物博，人口稀少，即使在最早开发的新英格兰地区，思想家就有歌颂大自然、融入大自然的观念。所以在中西部产生莱特（Frank L. Wright）这样的建筑师，及他的有机主义思想也是很自然的。他是沙利文的门生，承

· 罗比之家起居室

袭机能主义的观念，在沙利文学院派紧身衣的束缚下无法充分发挥的机能观，到了莱特这一代，只要着眼于大自然，就豁然开朗了。原来形式从属于机能在大自然中早已存在了。动物是如此，千百种的花朵树木何尝不是如此！它们都是美丽的，生动的，因为这就是生命的本质。

认识了这一点，掌握了建造的技术，建筑成为一种了不起的艺术，而建筑师每设计一栋建筑，就是创造一个独特的新生命。功能加上环境的条件就构成有机主义的建筑观。所以莱特不认为米开朗基罗为伟大的建筑师，看不起贩卖古代造型的学院派，当然也看不起美东著名大学的建筑系。他在沙利文事务所揣摩美国地方形式一阵子后，于 1909 年，建造了第一座称得上有机建筑的草原式住宅，罗比之家（Robie House）。

这个住宅与过去住宅的造型完全不同。它是一个低矮的长条形，屋檐伸出很远，窗子在屋顶的阴影里。墙壁用砖砌成，加上水泥的压线，使整座建筑像匍匐在地上。室内很低，中央有个大壁炉，自此向

· 罗比之家

外看,很像山洞一般的隐秘。他开始把"客厅"(Parlor)改为"起居室"(Living Room),从此住宅设计就以主人生活思考,并可以把客厅与起居合为一室。家具与装饰都以温暖与舒服为原则,以经营家庭和乐气氛。自此而后,美国住宅即在殖民地式样之外建立了独特的思考方向,使美西住宅带领风气,开创现代住宅的新路径。莱特有机建筑最有名的例子是 1935 年的"流水山庄"(Fallingwater),最道地的是 1937 年的西塔里生(Taliesin West)。这些都是现代主义已经盛行的时代的产物了。

现代建筑的出现虽然是靠欧洲,但思想的论述是受美国影响。原因在于,到了 19 世纪后半段到 20 世纪初,美国这个国家像是精神分

· 流水山庄

裂一样，从文化观点看，他们从英国移民到美国，要在那么大的一块土地上建设一个国家，那会是什么样子？当然是从英国汲取养分。虽然后来政治革命脱离英国，文化上还是脱离不了英国。你看纽约的房子，全部都是学院派的东西。即使用铸铁，还是会做成古典的柱子贴在建筑上。纽约曼哈顿那些19、20世纪初盖的老房子，表面上看以为是石头，其实都是铁。

莱特醉心日本建筑，也曾于1923年在东京日比谷公园边建造了一座帝国饭店。上世纪60年代我过日本去美，曾特别去拜观，仍然是低矮而水平感的造型。可惜于1968年被拆除改建为高楼，想来现代的日本反而视之为落伍了。

现代建筑的国际化

在欧洲大陆，工业化带来的新建筑技术与都市化，形成的居住与交通等问题，促成了建筑现代化的觉悟。20 世纪初，各国的建筑师历经了一段挣扎与创新的尝试之后，终于落实时代的要求，以理性的态度来面对，问题的解决很自然地发生在工业化最进步的德国。

到了 20 年代，德国已凝聚了足够的力量，为现代建筑勾画出全新的面貌。那就是设立在魏玛的"包豪斯"（Bauhaus）的成立。葛罗培（Walter Gropius）号召了建筑、设计、绘画等领域同志，为建设现代世界而努力。他的思想综合了莫里斯的工艺运动与沙利文的机能主义。只是他把工艺运动的手工改变为机械而已，保留了精神，因此视与生活有关的设计为一体。这是德国在当时盛昌"时代精神"的具体反映。在这种精神的鼓舞下找到现代的美感原则，才正式与前代的造型观念脱离，建立起现代主义的美学。

美国的机能主义多少带点形而上的神秘感，到包豪斯机能就成为单纯的建造方法与用途了。就事论事，先丢掉形式的象征。这样的形式就有几个共同的原则：

一、简单而无装饰。建筑物是最适当的材料与构造法所建成，除此之外，没有多余的东西。

二、结构与外皮分开。现代结构以钢材柱梁为主，可按空间需要配置，志在保证建筑之安全。外皮之目的是隔开内外，以阳光之需求为开口之依据。

三、外形轻快而以白色为主。外墙非砖石之类，为机械制之材料，原则上无色。因防水良好，故用平顶，放弃自古以来的斜顶造型。

· 包豪斯建筑形式

四、造型的艺术与现代几何平面设计相通。线、面、体的组合美感是追求的原则。以水平窗为最有效率的开口，故建筑的构成以水平线条为主，配以墙面。

葛罗培氏"古典"的现代建筑，在纳粹政权成立之后就结束了，可知新建筑是民主思想下的产物。葛氏于上世纪40年代去了美国，担任哈佛大学建筑系主任，在哈佛设计了法学院院舍及学生宿舍，为现代建筑在美国的经典。他利用哈佛的影响力，作育了很多年轻建筑师，成为现代建筑的第一号宗师。然而到了50年代，正统的现代建筑就变质了。包豪斯的第三位校长，密斯·凡·德·罗（Ludwig Mies van der Rohe）到了美国，到芝加哥伊利诺伊理工学院担任建筑系主任，在那里传播他自己的现代建筑，使新建筑进入第二阶段。

密斯非常实际地以工艺精神教学，因此把建筑的细节视为建筑精神的代表。只是他认为钢骨玻璃才是现代的材料，学生要学习的是如何合理地架构起钢骨柱梁，表达出特有美感，而且能欣赏其美感。他认为今天的钢骨等于古希腊的大理石，其美感在比例恰当、细节精致，所以可以视为现代的古典建筑。这样的现代建筑与正统的现代建筑有何分别呢？

一、极简的形式，回到神庙的长方形或圆形。几何形原即为现代主义所尊崇，极简是终极形式（Ultmate Form），是最美的形式，没有必要再为其他形式费心。

二、秩序井然的柱梁结构。这是最合理的结构，也是产生极简形式的原因。柱梁的逻辑形成简洁的韵律，与门窗的框架共同构成和谐、美观、典雅的外观。柱梁可以重新回到外观，成为视觉的要素。

三、机能从属形式。先有了建筑的形式，有了内部的空间，再分割空间以应机能的需求。重视空间的清爽与雅致，避免破坏室内空间的整体感，善用流通的空间美感，因此在功能方面就被疏忽了。

密斯在美国推广其新古典建筑非常成功，恰恰符合"二次大战"后美国城市高层建筑的需要，其声望很快即超过在哈佛大学的正统新建筑，迅即使美国成为钢骨与玻璃的世界。

台湾战后留美的两位名建筑师，贝聿铭与王大闳，都出身哈佛，却投身密斯的阵营，实因钢骨玻璃极简风除符合时代需要外，尚有艺术感动力的缘故。他的一句名言是"少即是多"（Less is more），颇有玄机，其意思也许是形式单纯就是内容丰富。这句话很容易背诵，得到年轻一代的激赏，渐渐大家都用简单的造型去追求深奥的内涵了。

他的代表作当然是伊利诺伊理工学院建筑馆了。这座建筑名为Crown Hall，是由四个大钢架吊起屋顶的大型长方盒子。从外面看，是合乎古典美感的，黑色的，大小三重框框，让人百看不厌，但也可以毫无所觉。至于室内，是一个空荡荡玻璃围成的空间，摆着学生用的

· 伊利诺伊理工学院建筑馆

· 巴塞罗那的德国馆

· 密斯三大私宅之一，范斯沃思之家。

画图桌，免不了建筑系学生所造成的紊乱感。他的建筑最适当的用途是展示馆。

密斯最早年的名作是上世纪 30 年代巴塞罗那的德国馆。横直交错的几个墙面，上面一片平板为顶，配上平板一样的长方形的水池，简单而生动，把世人迷住了，立刻成为世界级名作。那是临时建筑，拆除后，大家仍然怀念不已，到 60 年代，当地政府又把它盖回去了。当时他还没有高唱"少即是多"，但其精神却已表露无遗。

自理性到感性

以德国为中心的现代建筑运动，是利用学校及教授团来推动，后来又在美国以同样方式展开。可是有一位瑞士的建筑师，笔名柯布西耶，却单枪匹马，凭自己的才能，在法国为现代建筑打出了一片天。其影响力与德国比较，有过之而无不及。这位先生能想、能写，又能创作，而创作不限于建筑，绘画与雕塑无所不能，都达到国际名家的水准。

他在包豪斯成立的那年，创办了《新精神》杂志，以柯布西耶之名写建筑评论，1923 年出版了《迈向建筑》一书，大力宣传新建筑之理念。这时候他关心城市居民的居住问题，研究标准化住宅与最小住家，唱出"建筑是居住的机器"的口号，希望大家利用机器的力量解决民居问题。1925 年，正式提出新建筑的五个原则，散播新建筑的福音：第一为独立柱，不再用承重墙了；第二为屋顶花园，平屋顶做成花园，既可隔热又可舒心；第三是自由平面，可用墙壁自由隔间，应功能之需要；第四是水平窗，可迎接最多阳光；第五为自由立面，外观不受结构的影响。

1928 年，在他的积极推动之下，成立了国际建筑学会（CIAM），结合各国热心人士，共同讨论世界性的建筑问题，特别是现代化带来的城市社会问题。他因此身兼建筑家、社会学家、艺术家、都市规划家、国民住宅理论家多重身份。

30 年代前后，他花大部分时间构思未来的城市。为阿尔及尔计划"光辉城市"，提出巴黎都市计划构想，并于 1943 年为 CIAM 草拟了《雅典宪章》，提出现代都市的四大机能：居住、工作、休憩、交通。

"二次大战"后，他认为建筑的革命已经完成，为把成果利用在人民身上，就要赶快利用钢筋混凝土的科技，建设新城市。他的理论

· 柯布西耶设计的巴黎大学宿舍

为苏联所用者多，在西方社会大多都失败了。他的梦想只在战后的马赛公寓上留下了印记。

柯布西耶在建筑上的作品，最重要的是新建筑时代的萨伏伊别墅（Villa Savoye）。在这座建筑上，他把五原则都用上了。在一片草地上，萨伏伊别墅由每边各五根柱子支离地面，支撑着一个两面是水平窗的方盒子。部分是屋顶花园，供主人休憩的平台。室内则是随机能自由安排的空间。这座建筑的重要性是把他的新建筑五原则综合表现出来，达到美感的需求。

他在二层的屋顶上增建了突出物，以增加美感。当我们发现在水平窗之背后没有房间，只是围墙时，才知道在他的心目中，形式与机能是完全脱离的。他曾发表现代建筑的四种类型，囊括了新建筑的各

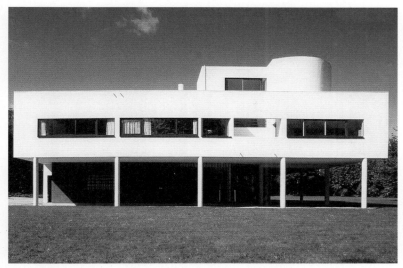

· 萨伏伊别墅

种造型的可能性。

　　50 年代以后，到了他的晚年，对于新建筑的信仰逐渐松懈，作为艺术家创作的冲动却日甚一日，因此他的作品日益走向雕刻艺术的造型，其中最著名的是廊香教堂（Ronchamp）。

　　这件作品是为被德国人炸坏的教堂重建而设计，主事者崇信创作自由，让他有充分发挥的余地，在地方人士强力反对下，仍然如愿完成，却继续为地方人士所恶意批评。这是一个小型教堂，除了主要厅堂外，只有三间小祈祷室及一间小办公室。因为矗立在一个小山头上，可以遥视四野，所以户外的宗教空间较室内尤为重要。面对南向草坪的半开放空间为一大型的讲坛，有十字架的神坛，显然为较大的信众活动空间。

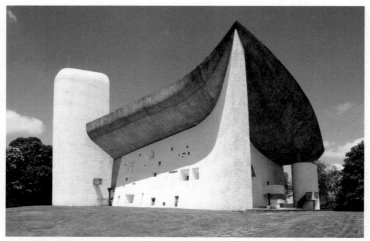

· 廊香教堂（©sladyslaw）

· 廊香教堂内部

· 柯布西耶中心（一称海地韦伯博物馆）

对现代建筑的追随者来说，这是一个爆炸性的作品，因为它除了小十字架外，没有其他宗教象征。在外观上，对传统的信众来说，它真像混凝土车库，但对现代艺术的爱好者，却是伟大的雕塑作品，有一种现代的感动力。这件作品是自由形的组合，自各方向看都有不同的外观，都是美好的视觉构成，整体看来，是立体形式与空间的组合体。

西向进口左为高塔，右为一面向上倾斜的墙面，均为白色，开了自由排列、大小不一的方孔，为室内提供具有神秘感的光线。大门则为一张抽象画。屋顶漆为黑色，似一艘船身，向天上航行，在墙上投下深深的阴影。建筑的东北向是白色墙面，三座高塔互相辉映，是最具雕刻感的一面，为摄影者最喜欢的一角。

总之，这座教堂的室内外都为现代建筑与艺术间的融合开辟了一条途径。现代建筑不再是理性的、社会大众的居住问题了，同时也是可以有表现功能的艺术品，是当代艺术的一部分。

　　自此而后，柯布西耶设计了不少具有表现力的建筑，而且也与当地建筑材料有所交融。现代建筑的天地为之大开。这时候，葛罗培自哈佛退休，柯布西耶的学生塞特（L. Sert）接任哈佛院长，正式把美国的现代建筑推向艺术表现的层面。

第九讲

乡愁的后现代

谈到这里，我们已经把东西建筑的历史层面讲完了。现在要讲的，是这一代多数人经历的事情，是我们在生命过程里看到的。时代变得很快，过去的人感受时代是很轻微的，但现在是快速改变的时代，从20世纪以后，一不小心就会落伍了。很多事情都是来不及想的。

上一讲我们谈到现代的后期。我想提醒一句：我们中国是怎么回事？当西方现代快速发展时，中国是停滞的。东方这个泱泱大国仿佛不理会他们，却于此时被西方的坚船利炮打得落花流水，所以发生了八国联军，西方文化借由他们的宗教力量、商业力量进入了东方的殖民地，刹那之间，到处都成了西方势力范围，各城市也有许多新建筑产生，但都不是中国人设计的。

到这个时候中国才开始接触西洋建筑，而且是学院派的建筑，也就是与现代建筑对立的古典传统。中国人出国去学建筑，学的也是西洋的学院派建筑。

现代的后期，约莫是上世纪五六十年代，最重要的是，它是个过渡。所谓现代主义建筑的设计精神，一是从现代工业技术来的，另一是来自社会主义观念。20世纪初，在知识界理性的主导下，工业化带来的社会问题与生产工具的革新，形成现代主义建筑的机械美学，与社会怀念的内涵。接着来临的两次世界大战，独裁国家的主政者为了权力与国族的象征，在建筑上要求高度纪念性的外观，倾向于传统的学院派，使现代建筑成为自由与民主的象征，逐渐被开明派所接受。但是大战过后，理性的建筑失去了必要性，感性的要素逐渐出现了。

当柯布西耶任意雕塑其建筑形式时，在美国沉潜多时的学院派，又借尸还魂，以创新的形式出现。60年代初，路易斯·康（Louis

· 上海的西洋建筑

Kahn）就以新学院派的身份来领导建筑界了。他知道传统的学院派已经不合时代的需要了，他必须为建筑建立新的价值观。他找到了"秩序"（Order）这个词。在骨子里，秩序实际上是古典美学中的"和谐"的来源。但丢弃了古典的形式，秩序如何得来呢？康找到自然的本性，一个非常哲学味的思考方法。他认为形式是人类愿望的实现。因为世界万物成形必有内在的动力（Will），建筑的形式是设计而来，设计的开始是本然的寻求，就是他们所说的，找到建筑的本性，它的所欲（Wants to be）。这是很难懂的思考，其结论是建筑是人类意志的产物，这种意志表现在几何形式上。

在此时期，正是几何美学盛行的阶段，理论家们认为，所谓美感与创造，就是需求与几何恰好相遇而已（Necessity meets geometry）。

· 路易斯·康作品：（左）埃克塞特图书馆（©Rohmer）；（右）沙克生物研究所（©TheNose）。

几何的形成就是秩序的自然呈现。这是现代建筑师所找到的精神寄托，至此，正统的现代主义于焉告终。

其实密斯极简钢骨玻璃的秩序，与康的钢骨水泥的几何秩序，都是古典精神的再现，有其精神鼓舞力量。但很快就被另一股更大的感性力量所冲刷了，那就是以文丘里（Robert Venturi）的"复杂与矛盾"为代表的建筑观。这位普林斯顿建筑系出身的理论家心里想的是什么呢？

他认为简单就是无聊（Less is bore）。对于当时流行的密斯式极简秩序，他深恶痛绝。他要回到有生命的，众人所习惯居住的建筑环境，丢弃建筑师所喜欢的纯净设计。我们上代传下来的环境是经过长期为适应生活变迁而修改过的，增增减减，所以永远是复杂的。由于年代过去，这些增增减减的意义早已模糊不清了，但却使我们感到精神安慰。然而一般人在感情与精神上对居住环境的要求，常常被建筑师视为落伍，评为品味不足。文丘里显然认为这样鄙视大众需求的建筑观是不正确的。

这种观点显然是来自乡土的感情。他在《向拉斯维加斯学习》一书中对公路两旁比房子大的招牌大加赞美，就只能如此解释。可是他的建筑作品，虽有些矛盾与含混，却仍然有现代建筑的影子，可知他的乡土之情是理论的。

古典语汇的记忆

文丘里最有影响力的作品有二，一是他自己的住宅，一是在一个小镇上的救火站。这个住宅的正面是后现代的经典，在整体造型上是几何美学的延续，但用三角形来唤起传统住宅的想象，后面是高起来的长方形，以暗示壁炉。除了造型的古典几何秩序之外，这个正面就含混不明了。对称轴上是退凹的进口，上有断开尖角的缝，仍然是现代造型感。在进口的正上面加了一条弧形曲线，完全没有用，只是暗示拱顶的装饰。至于几个随意安排的长形、方形的开口，则完全为室内采光的功能而设。真真伪伪，又新又旧地拼凑而成。可是他运用自己的审美能力，把这些不相干的因素组成一个颇为统一的画面。

哥伦布小镇上的救火站，粗看上去似乎是没有经过设计的，随意搭建而成。它是用红砖砌成的平顶建筑，供停放救火车之用，旁边是驾驶员的休息室等功能空间，以及一个半圆形的塔，高出屋顶，为敲响警钟之用，且标示建筑的用途。它的正面与后面的建筑完全不配，是民间处理门面的方式。在红砖面上大部分刷了白粉，形成一个特殊的图案，有些怪异，但却是悦目的。

在文丘里之后，出了一位詹克斯（Charles Jencks），也是能写能作的建筑师，却不再走市民生活的鼓吹者的路线了。他就建筑论

· 文丘里自宅

· 哥伦布小镇上的救火站（©Mandy）

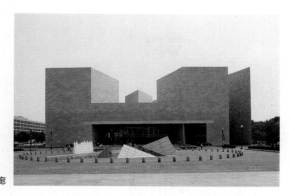

· 美国国家画廊东廊

建筑，认为后期的现代建筑实在太乏味了。他指出玩弄几何造型的建筑实在太好笑了。他用大篇幅批评贝聿铭先生的美国国家画廊的东廊，认为纯粹几何的美感是毫无意义的。在唯美的世界里，人们仍然会有道德与精神的问题。他很坚决地反对唯美主义，认为刀刃式的外观是可笑的。

总结地说，文丘里代表了美国市民阶级反现代建筑的呼声。对美国人来说，现代建筑太枯燥无味，太无人性了。60 年代，对于新建筑的都市观，同样出现反弹的声音，希望保存城市社会中既存的人际关系。

詹克斯对后期现代结构表现主义的作品也大力批评。他举的例子是诺曼·佛斯特（Norman Foster）所设计的香港汇丰大楼，被建筑界视为杰出的一件作品。这座十分昂贵的高楼，把太多钱花在结构表皮上、内部的机械设备上，他觉得这只是老板们昂贵的玩具而已，因为看不出这些钱花的意义何在。难道就是把一栋建筑建造成美的艺术品吗？

他认为建筑的象征意义是最重要的，至少与美观同等重要。可是他所说的象征是古典符号，也就是古典时代建筑上的视觉焦点，改变

· 香港汇丰大楼　　　　　　　　· 纽约 AT&T 大楼

为简洁的符号，使人一见而知其原由。既然是符号，就不一定是建筑的本身。这样的说明虽言之成理，但一般大众是否有同感是颇有疑问的。他强调有意义之形（Meaningful form），并没有非常成功，但建筑界反应尚佳，一时成为风尚。

　　在他的作品中，所谓符号有三个层次。第一个层次是纯装饰。后现代把人类潜藏的装饰精神需求找回来了，延续了 19 世纪以来的"新艺术"（Art nouveau）的传统，对抗纯理性的现代设计。装饰就是欢乐，而回顾儿时的装饰就是乡愁。在建筑上，西班牙的高迪（Antoni Gaudí）、奥地利的欧伯里（Joseph Maria Olbrich）的作品受到大众普遍的喜爱。詹克斯的作品开始是在新建筑设计上使用些古典装饰的符号，引起一些兴趣而已。

· 新奥尔良的意大利广场

    第二个层次是用结构部材影射古典符号，作为装饰。这是古典形式的精神化。古典建筑被大家认定而最熟悉的，莫过于柱廊与柱头，其次是山墙及上面的弧形开口。所以在这个层次他们尽量玩弄柱子与柱头，以各种方式夸大柱子的形象，只是不顾及其结构的功能。柱头则以不同的方式表示。在建筑内外，大大小小的山形装饰与弧形开口随处可见，构成了美国人所记忆的建筑形象。

    第三个层次是建筑的古典符号化。到了 80 年代，连专精钢骨玻璃的现代建筑的大师级人物，菲利普·约翰逊（Philip Johnson）也投降了。他在纽约为 AT&T 盖了一栋高楼，下面是凯旋门式的进口，顶上是巴洛克式的山墙，在纽约的天际，傲然是一个怪物，完全超乎古典的尺度。所以把整栋建筑变成古典的符号也流行起来了。

    利用古典语汇表达后现代感的一个著名的例子，是 70 年代摩尔（Charles Moore）的作品：新奥尔良的意大利广场。摩尔是当时最受欢

· 波特兰市政大楼（©Steve J.Morgan）

迎的教授级建筑师，与文丘里同属普林斯顿出身，喜欢以论述领导建筑的设计家，同样要丢开理性主义，希望回归感性与记忆。他游走美东与美西，担任教职并留下作品，对建筑界颇有影响力。

这座意大利广场是新开发区的中心，摩尔用喷水池为主题，建造一个恢复大众记忆的场所，使用新材料与新设计概念来呈现古典的外貌。这是一个三层的柱列所形成的半圆广场，主轴上为最高的拱廊。三层的柱列前低后高，尺度不同，使用的颜色与构成都不相同，似乎是一个孩子玩耍的游戏。但是其活用现代材料，自由配置柱列的技巧，确是古式新用的杰作。

这个时代的明星是格雷夫斯（Michael Graves）。他的作品完全不顾及开口的功能，却把建筑的正面看成古典建筑抽象形式的再现。而

· 丹佛公共图书馆

且不考虑建筑的尺度，可以把高楼当成一座神庙来构思，也许是受当时流行的波普艺术（Pop art）观念的影响吧！

他最有名的作品是波特兰市的市政大楼（Portland Municipal Services Building）。这座十五层的大楼在外观的构成上，是灰色的基座，赭色的两支大柱支承着灰红色的顶，以白色为背景。其实在一般人的眼中，它只是庞大尺度的图案而已。在丹佛的公共图书馆的设计中，他使用的表现方法更是领一时风骚，大体说来，可以用以下几个特点来说明：

第一，简单几何体的组合。把一座建筑分为若干简单几何体，也就是分为几个小空间再重新组合，或为长方形，或为圆桶形，建筑造型像玩积木一样。

第二，为使这些几何体有统一的元素，他使用标准而划一的开口方式，以格子式遍布几何体的表面，并以垂直感取代水平感。这原是他在其他建筑上使用的手法，在此更为明显。

第三，为了在统一中有变化，使用不同的颜色分开每个不同的立方几何体。颜色均为民间喜欢的粉色系，以顺应大众艺术的口味。同时利用圆桶与方块的大小，形成主从关系，最大的圆桶，上盖以大圆顶，由大架子撑持，处于中央，以统御全局。

第四，进门处要特别标示，大门用大型白色水平面标示之，侧面则用灰色尖顶高塔以标示之。门口再加上一件公共艺术就十分鲜明了。

乡愁与回顾

在对抗现代主义的潮流中，其主力之一即古典语汇的再利用，以象征意义来对抗功能的逻辑；另一主力即传统的、记忆的恢复，以乡愁的感性来对抗明晰的造型美学。其实摩尔这位当年的健将就兼有这两种改革力量，前者表现在意大利广场上，后者则见于加利福尼亚的海边农场（Sea Ranch）。这座农场采用当地传统的低矮的斜屋顶，与直条木板的墙壁，加以自由组合而成，一时成为住宅的典范。

在现代建筑中，本来就有地域风格的一支，只是地域主义是按照各地地理条件的不同，在气候、地质、风俗等独特性的考虑下所做成的理性的判断。而后现代的地方性则以各地传统的造型为基础，因儿时的记忆而做成感性的决定。虽然类同复古，却不是为复古或国族象征，而是为满足感情上的需要。

当格雷夫斯在台湾设计史前文化博物馆的上世纪末，他仍在玩弄

· 加利福尼亚的海边农场

· 台湾史前文化博物馆

后现代的几何体积木游戏，使用超乎人间尺度的大砖砌图案加大水泥格架为立面，而世界早已进入另一个阶段了。乡愁的建筑需求使古迹的维护与再利用形成一股风潮。

　　为满足感性的需要，设计带有传统意味的建筑是不够的，保留古老的建筑才是问题的答案。因此，不分青红皂白，把城市中的破旧老建筑清除，代之以现代的大厦，首先遭到挑战。流行于一时的所谓都市更新计划，把衰退的老市区拆除，赶走弱势居民的行动，很快即发现问题重重。

　　保留居住环境的记忆可分三个阶段，说明后现代感性的发展。

　　第一个阶段为古迹保存。在现代主义盛行、都市积极开发的时代，一切古建筑都是可以拆除的。上世纪 70 年代，我在台湾积极提倡古迹保存，政府与民间的反应都很负面，只有外国人支持。政府认为台湾的古建筑只有当地的价值，不值得保存。民间喜新房，厌老屋。鹿港龙山寺的委员们到东海找我帮忙，是要建新庙，并非保存古建。这是学者推动的阶段。

　　这时候除了有名气，已成地方标志的"名胜"外，再重要的古建都有被拆除的可能。台南的赤崁楼、台中公园的亭子是名胜，为观光标的，当然要保存，彰化的孔庙就有拆除的主张，因为彰化市

· 林安泰住宅

内需要一个新市区。如果不是文化学者们高声反对，引起政府注意，可能已被拆了。彰化孔庙的修复与保存使台湾古迹保存正式搬上台面，成为古建保存政策的第一步。

这个阶段对于古迹的定义是严格的，必须是公众的与重要的建筑，一定要百年以上的岁月，相当完整的存在，而且要有相当的科学与艺术上的研究价值。这样规定，是说明古迹是有条件的，是历史的证物，否则不值得保存。所以修复时要完全恢复以古法完成。

第二阶段为古屋保存。这时已到了后现代，大家对古建筑有了感情上的需要，也有了拥有的骄傲。政府与民间逐渐接受了保存的意义。除了在建设上非拆除不可的老屋，已经必须经过古迹的考察才能决定其去留。在那个时代发生的大事，第一是林安泰住宅，因为敦化南路的开辟必须拆除，经文化界抗议，迁移到新生公园，保留至今。第二是板桥林家，由于该宅园面积广大，面临保存的压力，林家决定把花园捐给政府，保存三落古厝，把五落古厝漏夜拆除，以便兴建新宅。其实到了90年代，台湾古建保存已普及化了，大家开始领悟到"老的就是好的"。新成立的"文建会"开始补助古建的修复，逐渐有较多的建筑师参与修复工作。

这时候，古迹的定义开始放松了。首先是"年代久远"已经不重要了，只要存在儿时的记忆中就可以考虑。艺术与科学的价值虽仍重要，但加上历史价值后，就几乎没有界限了。"历史"没有明确的定义，可以是国家的历史，可以是地方的历史，也可以是某名人的历史，或某家族的历史。凡是过去的人事物都是历史，是否为古迹就全看决策者的一句话。因此各地古迹的数目不断上升。日本人在统治台湾时所留下的建筑成为古迹的大宗。这一点，与韩国人在古迹保存时，抹除日人留下的痕迹，形成强烈的对比。以台湾努力保存儿时记忆中的日式木造住宅，甚至日本神社而言，台湾人表现出强烈的日本情结。

第三阶段是古建筑再利用。古迹的保存原不是为继续使用的，目的是保存历史证物，以发思古之幽情。可是保存的数量愈来愈多，政府已无法负担维护之责，必须考虑其现实的价值，也就是重新利用。因此把古迹与新建的界限模糊化，古迹的意义益发表面化了。

到此，古迹的定义更可模糊，其保存的标准也大大放宽。在过去，新法修过的古建难被指定，现在新建的古迹也可被接受了。在过去修好的古迹不准碰，现在却有心无心地鼓励所有人可以酌量改变，以供利用。这是必然的，既然要利用，至少内部的隔间不能不酌量改变，不用说现代化设施的增加了。

由于古建保存中增加了法律不保障其绝对原貌的所谓"历史建筑"，古建筑因而有可能与新建筑合体。19世纪欧洲浪漫主义流行的时代，在古代废墟上建屋的同一心情，在今天也恢复了。全世界都流行在废

· 古迹的再利用：华山酒厂转化为华山文创园区。

· 登琨艳用旧厂房改造的上海滨江创意园。

· 李祖原代表作品：（左）中台禅寺；（右）宏图大楼。

弃的工业建筑中重建利用，这是完全合法合理的利用，而且是某些建
筑师的创新方法，兼有艺术的精神与乡愁的忆念。

　　工业建筑是 19 世纪到本世纪中的建筑，兼有古典风味。因制造方
法改变而被废弃，因此可兼有工业历史保存与建筑风貌保存两种意义，
可供文史工作者利用。由于这个缘故，我的学生登琨艳在上海的工作
引起国际注意。

　　在台湾，李祖原的作品是以象征手法为表现风土文化的建筑。他使
用庞大的尺度表达象征符号为建筑造型，是詹克斯理论在东方的实践。

建筑语汇融合传统与创新

　　传统风貌的再现，除了古建筑的保存与维护之外，在新建筑地方
风味的重现上有没有可能呢？前文讨论到，后现代的几位大师都尝试
利用大家习惯的古典语汇来恢复大众记忆，但是这种风潮发生在美国，
美国是没有本土的建筑传统的。他们的传统就是学院派的语汇使用在
殖民地的各种建筑上，特别是市区内的楼房上。这种情形在欧洲就不

· 澎湖青年活动中心

相同了。地中海沿岸是欧洲文化的发源地，有其独特的建筑风格，在新建筑的发展上有没有融合地方风貌的尝试呢？诚然有些地方性的尝试，但却一直没有足以形成影响力的作品。

　　我在上世纪七八十年代投身于台湾古迹的研究与维护，自寺庙建筑到重要住宅，进而领导鹿港古市街的保存，因而对台湾本土建筑产生感情，觉得台湾的建筑师应该在适当的情形下表现乡土风貌。我尝试在公共建筑上使用台湾的斗子砌为表面的装饰，以取代瓷质面砖。建筑本体虽为现代几何体，却令人感到温暖。我很高兴彰化文化中心至今仍保留着。

　　我进一步尝试利用本土建筑的更多语汇组织成建筑的整体，在"中研院"民族研究所，使用红瓦斜顶，硬山轮廓，曲线院墙等，组织成一个富于变化的外观，是我相当满意的工作方向。后来又在澎湖的青年活动中心，利用同样的方式，只是改用马公传统使用的咾咕石砌墙，组成一个活泼的外观。两栋建筑都在上层有一院落，以应合闽南传统的中庭。

可是在现实世界中，这种思乡情绪受限于各人的经验。建筑师所体会的乡愁是否为民众所全面接受是颇有疑问的。现代城市中的中产阶级在心理上已彻底西化，使他们宁爱西洋的风土，抛弃本土风情，这是落后国家所必须进行再教育才能改变过来的。

第十讲

当代与未来

上世纪 90 年代以后，世界的局势产生了基本改变，大体说来，影响于建筑者有以下几点。

首先是社会制度层面的变化。现代建筑产生的理念动力之一是对城市劳工住宅的解决。早期工业对劳工的苛待与压榨，产生了政治上社会主义的革命与共产党的出现。现代科技可以帮忙居住问题的解决，现代建筑因此有了正当性。可是这种情况到了后期，因为工业发展的正常化，在资本主义国家，劳工阶级逐渐得到公平合理的待遇，民主政治与市场经济逐渐成为全世界接受的制度，建筑因而回到民间。

其次是高科技的快速发展。西方类似发展征服世界力量的早期科技是以机械工业为主。到上世纪 60 年代，资讯工业开始发展。媒体的电子化使世界变小，到世纪之末已进入高科技时代。电脑成为普遍的工具，知识随手可得。建筑的作业方式与思考方式都已改变。在过去，建筑师是用图板、三角板、丁字尺画图，如今只要电脑就可以了。过去建筑师是用铅笔勾画为思考工具，如今也靠电脑了。工具的开放使得三千年来垂直与水平的线条组合改变为自由形式的寻求。

再其次，经济快速发展的结果，富庶社会来临，中产阶级比例大幅增加，世界虽未能解决赤贫弱势的生存问题，一般大众却已不虞饥寒，过着快乐的日子，因而正式进入市民文化的时代。早期的大众文化被精英视为低落、肤浅。但到了当代，由于教育普及，媒体的多元与小众化，今天的市民文化水准大幅提升，足以追求精神生活。然而不可避免的，今天的精神生活建立在物质生活的满足之上，以身心的爽适为主要目的，较少精英阶级的沉思与体悟式满足。因此追求刺激与兴奋成为当代生活中普遍的现象。这是一个明星主导的时代。

再其次，是理性文化的解体。这是感官挂帅的时代。世界大战的威胁消失了。民主与自由已成为全球的生活方式。在这个政治的氛围中，在文化的发展上，"只要我喜欢，为什么不可以"的思考方法迅速成形。在不妨碍别人的自由这一条件下，行为与思想愈超乎常人的逻辑，愈了不起。艺术家如脱缰野马，创作方向已无法想象。所谓真、善、美，早已被抛在脑后了。新标准的建立就是不断打破昨日标准。建筑追随艺术之后，寻求不断突破是必然的。

南加州的建筑观

新文化，也就是自大众文化中发展出的市民文化，很自然地来自大众文化的发源地——美国的南加州。这里原是东北部或北加州精英文化区所看不起的地方，是电影艺术的生产场所，想不到在这里成立了一所不起眼的学校，南加州建筑学院，却领导当代建筑的第一波风潮。它的代表人物弗兰克·盖里还是哈佛设计学院的毕业生呢！

经过文丘里的反秩序与非理性的论述，后现代已经抛开精英品味了。到了80年代后期，开始产生叛逆的观点，首先是以歪斜代替平直。

自古至今，建筑以求平直为尚。这是建筑之本然，因为居住空间要求水平，不但有稳定感，而且可以避免知觉的错乱。建筑墙壁与支柱要求垂直，不但有安全感，同样可以避免空间知觉判断的错误。以人为中心的文化要心平气和，平与直是绝对必要的。建筑上如果有斜线，就是在多雨地区的屋顶线，为了泄水必须用斜坡。在古希腊，建筑有地面几乎无法觉察的突起，柱子有无法觉察的内倾，这些不平不直是为了做视觉的校正，为了使我们感觉它完美的平与直。

· 弗兰克·盖里作品：云杉街八号

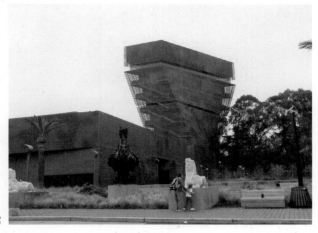

· 笛洋美术馆新馆

可是曾几何时，建筑师开始向基本原则挑战，他们希望创造天摇地动的感觉。这是建筑设计变身为艺术创作迈出的第一步。

过去即便最有钱的国家如美国，在进行建筑设计的时候都要考虑经济，随时都要考虑最小居住空间；但今天却是考虑这么大的空间要怎么浪费，简直是不可同日而语。以前的建筑师想的是让人人都有房子住，但当大多数国家都累积了一定的财富，建筑师开始思考要怎么浪费钱去盖房子，怎么盖华丽的大房子。

现代的结构观念加上现代经济与社会状况，于是产生当代建筑形貌。愈是重要的建筑师，愈是开始把自己当成了艺术家，这是很大的分别。19 世纪以前，建筑师跟画家是一起的，都是艺术家。经过现代化之后，建筑师离开了艺术，认为自己有更重要的社会责任；但到了当代，有更多的机会与经费提供，让建筑师再度回到艺术家的身份。

2006 年冬，我去美西一游，感到建筑风潮已变。到旧金山的次日

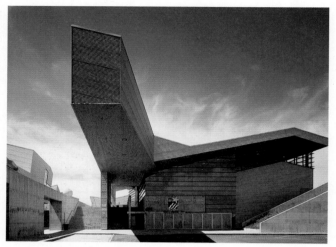

· 加州钻石农场高中（©Carol Highsmith）

· 洛杉矶 Samitaur 的院子

即去熟悉的笛洋美术馆，发现典雅的老馆已消失，换上的是著名瑞士建筑师 H & M 的作品，锈铁穿细孔的表面，看不出大门的正面，看不出道理的一条斜线。但是最使人不解的是右边高起的一座塔，扭曲而倾斜地高高在上，引人注意。除了丑陋、古怪以外看不出设计理念何在。它的左边是引出几十米的巨大挑高屋顶，下面是咖啡座。欧洲加美国合作的当代建筑，应该是时代的象征。我除了把它视为建筑艺术的自由创作外，就无话可说了。

到洛杉矶，学生周晓宏带我去看时尚建筑，到了一座高中（Diamond Ranch High School），深刻地感觉到南加州的当代风貌的艺术性。这是一个全由倾斜线、面、体所组成的建筑群，沿一长条空间排列，由于角度与形状的变化，构成一个目不暇接的热闹空间。在理性上，实无道理可言，可想而知，由于增加无用的结构体，造价必然较高。但不可否认的，在视觉上较有吸引力。

他把我带到洛市西南区的一个称为"连接点"的地方，是南加州建筑学院师生们的作品集合地，我见识到了自倾斜到破碎的建筑形式观。在这里倾斜已不算什么了。在一个称为 Samitaur 的院子里，看到一个花房，好像正在倾塌中。不但玻璃墙面是外倾的，为强化效果，玻璃面上还挂了几根斜度不等的钢柱，有意地破坏支撑墙面的立柱所形成的视觉秩序。

在同一个院子里，一个类似餐馆的建筑的屋角上，看到一堆破碎的屋架与亚克力，毫无来由地吸引了我的视线。无以名之，我称之为太空垃圾，似乎是科幻故事中的坠落的太空船。南加州的建筑师显然被电影城的布景所影响，因而想象力已溢出现实生活了吧！在这组建筑中，倾斜是家常便饭，如何呈现破坏才是他们要追求的。问题是，

· 丹佛美术馆（©Archipreneur）

· 西雅图市立图书馆

· 扎哈·哈迪德的前卫建筑

建筑的观众得到了什么？是预期的地球毁灭景象吗？一个不知从何处来到何处去的楼梯，似乎在告诉我们人生的万般无奈。这些建筑师是用建筑展示其艺术创作，是所谓"装置"式作品吧！

非理性的惊奇在这里是看不完的。你会看到自窗子中伸出支撑屋顶的梁，倾斜的大陶柱支撑一支薄钢梁。可以看到没镶玻璃的斜窗框，成列的上不到顶下不着地的铁梯，与近似监牢的窗子，没有意义的墙壁。

一般说来，使用斜线与倾斜的造型，如同钻石农场高中，是可以发展为具有美感的造型艺术，供大众欣赏的；到了破碎的阶段，就只能是与群众脱节的装置艺术。因此倾斜型大多使用在公众文化性建筑上。我在美国的西部看到的，除了笛洋美术馆外，曾看到旧金山IFWISH美术馆，西雅图的市立图书馆，丹佛的市立美术馆，与明尼普里斯的华克艺术馆，都是很认真的倾斜式建筑。其中以华克艺术馆最为含蓄、雅致，外观与室内都很温和地使用非直角形，外观且与倾斜的草地有适当的配合。以丹佛美术馆最为激烈、夸张，外观似为几只牛角指向天空，跨过马路，在地面可以看到它的屋顶。但与邻近的破碎型设计比较起来，尚算文雅。室内如同心灵的迷幻阵，艺术品已没有那么重要了。

这种倾斜式的设计已经普及到全世界了。一位英国籍的女建筑师扎哈·哈迪德（Zaha Hadid）就是这种艺术家。她看世界不是用正常的视力，而是用科幻式的想象来观察，因此没有真实的存在。自极端动感的绘画式的诠释，再落实到建筑的实体上，即使再夸张也很难满足她的创造冲动。倾斜再倾斜，尖角再尖角，她的每一幅草图都是一幅各种尖角构成的绘画。2004年，我去瑞士顺便到南法的维塔（Vita）公司的建筑展示区一游，看到她的第一座尖角建筑。这座消防站因不适合其用途，已改为家具展示馆了，却因大名远扬而被视为艺术品观赏。自此而后，在90年代，哈迪德的大部分作品都充分发挥了倾斜直线形的特色，以尖角为表现手法。在维也纳，在柏林，在伦敦，几乎每一个欧洲的重要城市，都有她艺术手法强烈的斜线作品，而且大多都是展示空间，可以维也纳的艺廊为代表。但是她很快就放弃了直线，走上另一条路，那就是在高科技的鼓舞下所产生的当代建筑。

数位建筑的来临

电脑科技发展到上世纪末，已经把使用丁字尺、三角板与圆规画图的技术淘汰了。这个意思是说，建筑设计不再需要垂直水平与圆弧，可以非常自由地构思造型。斜角的组合是一种可能，自由曲线的组合更可以天马行空，使建筑师无涯的想象力得以实现。不但如此，由于

· 毕尔巴鄂古根海姆美术馆

数位科技可以解决难以用传统计算方式解决的工程问题，甚至对施工技术亦有很大的帮助，所以建筑设计就完全得到解放，可以尽情发挥了。

　　数位建筑可以分成两个阶段。第一个阶段是 80 年代开始的，手工造型、数位计算期，可以盖里为代表。盖里在西班牙的毕尔巴鄂建造了一座举世闻名的古根海姆美术馆，是用钛金属堆积而成的太空垃圾式。这座美术馆除了惊世骇俗的外观，与室内难以想象的公众厅之外，一般展示室是方正而普通的。由于它，毕尔巴鄂从一个贫穷、落伍的早期工业城市，一跃而为每年数百万人前来观光的知名城市。这是建筑领时代风骚的开拓者。

　　盖里的建筑，破碎的钛桶与片，已经广为世界接受，连麻省理工学院都盖了一座。他的设计过程，在造型上还是使用艺术家的手去塑造成模型。因为太复杂，自模型转变为图样，到工程计算，则完全由数位方式解决。我所看到的盖里作品中最复杂的是西雅图儿童艺术中心，不但形式上出乎想象，颜色也有数种。这样的建筑，

· 奥斯卡·尼迈耶作品：（左）巴西利亚大教堂（©Ugkoeln）；
（右）奥斯卡·尼迈耶博物馆（©Mario Roberto Duran Ortiz）。

虽在行内尚有异议，业主却十分喜欢，宁愿花费数倍的造价去完成。洛杉矶的迪斯尼剧院花了近十倍的造价，不过是为那些漂浮式的钛片造型而已。

数位建筑的第二个阶段才是在设计过程中全数位化。这是把虚拟的技术使用在真实的建筑上。在现代主义时代，也有少数建筑师喜欢用自由曲线，南美有一个奥斯卡·尼迈耶（Oscar Niemeyer）是此中著名者，但因为绘图技术落后，自由曲线之利用是很单纯的。可是到了数位时代，情形就完全不同了。在电脑上创作三度的曲线与曲面，极端自由地翻转而形成，与电脑游戏无异。只要掌握一些空间与结构的知识、充分的艺术创作的能力，建筑，如果不考虑经费，几乎是没有边际的自由化。

同样是当代建筑作品，丹尼尔·里伯斯金（Daniel Libeskind）所设计的柏林犹太纪念馆，比起盖里的东西稍微好懂一点，因为它说得清楚。外观运用很多斜线，利落的线条如同刀劈一样，描述犹太民族

· 柏林犹太纪念馆 · 广州人民歌剧院

受到杀戮的历史。建筑的造型明确地说明这层意义。内部的空间也有同样的形态。建筑物本身就变成一个很重要的博物展示部分。这是当代建筑里比较有理性感觉的表现。

全数位化的建筑设计，结合了倾斜与自由曲线的造型，构成近乎科幻世界的布景，对有些建筑师而言，是未来主义的建筑。其中的代表人物就是前文所提到的扎哈·哈迪德。她的作品到了21世纪几乎全面抛弃直线形而科幻化，其造型已无法自现世生活中捉摸，可用开罗的会展城为代表。这个设计是由两座高楼与大片展场建筑所组成，孤立在旷野之中，特别是展场建筑，好像大水冲刷沙滩所形成的流动感强烈的沙堆造型一样，没有现代科技是无法建构出来的。

在中国，她也大有斩获。广州人民歌剧院是一个半由曲线金属板面、半由三角格子玻璃所构成的无法描写的造型，有人认为是中国的珍宝。它巨大而高度科幻味的室内空间，强烈的空与实的对比，使人感到自己非常渺小。

· 新结构派作品：（左）旧金山机场；（右）上海机场。

落后的台湾

中国大陆自上世纪 80 年代改革开放以来，尽全力接受西方的当代建筑，恰逢数位时代开临，又热情拥抱西方的名师，因此虽无法产生自己的创造风格，却移殖了不少西方的作品，在整体表现上远远超过台湾。

台湾在经济与科技的发展上，在上世纪末突飞猛进，是并不落后的，但在高科技于生活的运用上却显然有相当的落差，尤其是在建筑方面。这种落后是全面的，因为有很多社会与政治的因素在内。

台湾有其孤傲的性格，自一方面看，这使得我们得以保存自我的认同，不轻易国际化，以独特的价值观维护我们的文化。自另一方面看，则使我们自外于国际潮流，或对国际现象冷静旁观，不轻易被他们牵着鼻子走，因此无法汇入国际潮流而有所发挥。这是一种优势呢，还是自我逃避？有待我们彻底探讨。

但其结果是在建筑上失掉了时代的立场，有不知如何在国际化潮流中立足的感觉。最重要的是，年轻一代缺乏论述能力，对台湾建筑的发展方向缺少指导性，建筑就只有靠个别的建筑师在不利的环境条件中努力奋斗。建筑，尤其是数位建筑，必须在富裕的社会中得到慷慨的支持。台湾的政商领导人及多年来因袭的制度，对建筑缺乏热心的支持，设计费甚低，建筑费有限，都只能应付初级的建筑需要。

政府与民间都没把建筑当成有价值的艺术，因此建筑师自学习到开业，在艰苦的环境中长成，只有不计较开创性的商业建筑师才有适当的利润。台湾年轻人中有很多天才，却没有培育的机会，除非跑到外国，毕业后为外国人所用。有趣的是，偶尔有重要的建筑，就会开放国际比图，以较高的待遇酬劳外国建筑师。在建筑上，台湾仍然有一种次殖民地心态。

由于这样的社会背景，台湾的建筑教育也没有配合数位时代，作大幅度的改变。建筑系的毕业生只能利用电脑作有限的实务利用，在设计上使用者则十分有限。只有数年前交通大学的刘育东教授开始带领学生研究数位曲线形的设计，并做了几个计划案作为练习。在技术上尚没有实现的能力，所以只能在纸上谈兵。到目前为止，由于政府财力限制，只有日本的建筑师，安藤与伊东有在台湾完成建筑的机会。

台湾的年轻一代，在地域主义与国际主义的双线发展上，自然以前者较易有成就，但是因为论述力不足，个别建筑师在地域主义原则上所见既不相同，能力又不足，表现出来的尚难云成熟。他们既不再走后现代传统文化的路线，地域文化的特色就只有贫穷文化中的违章与加建的杂乱外观。黄声远代表的兰阳派成就尚待评估。

在国际主义一面，比较有成就的还是姚仁喜等大型事务所。姚

· 伊东双雄设计的高雄世运馆

· 姚仁喜设计的台湾兰阳博物馆

· 简学义设计的台湾莺歌
陶瓷博物馆（©Jimmy Yao）

仁喜的作品亦缺方向感，但个别建筑尚值得一提。如兰阳博物馆以龟山为形，倾斜在地面上，以石片与玻璃拼成巨石的模样，相当成功，已成为北台湾的观光点。此作属于 20 世纪末的倾斜型，而排除一般倾斜之刺激的一面，对于环境的配合，尚保有合理主义的态度，比较容易被接受。而尚在进行中的台北故宫南院的设计，就进入 21 世纪的曲面建筑了。

自上世纪末以来，有几座博物馆染有当代色彩的，如孙德鸿的十三行博物馆，是采用一度国际流传的卷顶式造型，空间处理良好，可惜造型不免因袭之嫌。袭用国际语汇，不宜采用超乎合理性者；这正是台湾当代建筑之问题所在，令人怀疑其创造力之来源。

比较有名的地方博物馆是简学义的莺歌陶瓷博物馆，建于 2000 年。大体说来，是有现代精神的后现代设计，结合功能与空间的适当性，并没有当代的激情表现。可是他前几年设计的台湾历史博物馆，是多种式样的杂凑，除了太阳能板表现了当代绿建筑的形式外，有意表现不经意的未经设计的当代意味，是一般人很难理解的当代的感觉。

绿建筑的未来

建筑缺乏理性的要素是没有存在的意义的。数位时代来临后，除了在艺术的表现上有以感性为基础的必要，发表在美术馆之类的作品上之外，建筑有必要重新找回理性的架构，使它重新进入人类生活之中。自由表现的形式没有成为普遍化的理由。数位科技只是建筑存在的一个理由，我们应该在使建筑人间化的努力上，使用数位技术，更精确地达到目的，其中一个重要的目标是所谓"绿建筑"的建立。在维护环境生态，降低能源消耗，配合生活需求的有机观念下，建筑有必要进一步地科技化。当然不是单纯的科技，是在艺术与美感的心理需求，以及生活功能的实质满足的条件下，建筑的科技化。建筑的材料与构造方法，建筑的坐向与群体的关系，都要成为重要的因素，不能迁就单一的条件。

很高兴看到台湾已迈出第一步，不但在大学中已出现绿建筑的作品，建筑界也开始向此方向努力。张清华的北投图书馆是大家立刻想到的例子。可惜没有详细的出版物介绍建筑师在外观、坐向、材料的选择方法上所花的心思。她的另一件作品，花博中的未来馆，是以绿面为屋顶的例子。这是国际上通用的方法之一，展示空间的适当运用，与外观轮廓曲线的优雅，都是很值得一提的。但这一切只是开始，在前面则是建筑界未来应探索的天地，我们不能再落人后。

台湾建筑，包括我自己的训练，都面临了美学修养不深，空间力道不足，技术层面不深，妥协折衷太快，规范束缚太大等等危机。我们在台湾总是看不到很精彩的空间展现；可能是海岛文化的关系，我们太容易妥协，我们都赶快想解决掉眼前的问题好往下一步发展。这

· 张清华作品：（上）北投图书馆；（下）花博未来馆。

当然有好处，但少了很多火花。我很佩服大陆或韩国有勇于抗争的精神。很多东西是要不妥协于社会与不妥协于自己才会发生的。

　　政府的限制条件已经让台湾的年轻动力无法爆发，例如环评，例如绿建筑法规，用意是对的，但方法是错。如何让 Local（在地）做到 Global（全球），是接下来建筑人最大的课题。

图片目录

第七讲 王权巩固后的世界